枯 叶 蛱 蝶

周成理 石 雷 陈 祯
栗 婧 胡 芳 姚 俊 著

科 学 出 版 社
北 京

内 容 简 介

本书概略地介绍了峨眉山枯叶蛱蝶的成虫形态学特征及生活史、幼期生态、成虫生态和生殖休眠等主要生物学生态学特征，探讨了峨眉山枯叶蛱蝶野生种群的保育措施、人工繁育技术、分类地位及历史生物地理。

本书内容可为研究这种著名伪装动物的欺骗防卫功能、机制、表型进化的学者及从事野生种群保护的工作者提供启示。

图书在版编目(CIP)数据

枯叶蛱蝶 / 周成理等著. — 北京：科学出版社, 2021.10(2023.3 重印)
ISBN 978-7-03-068118-8

Ⅰ. ①枯… Ⅱ. ①周… Ⅲ. ①蛱蝶科-普及读物Ⅳ. ①Q969.42-49

中国版本图书馆 CIP 数据核字（2021）第 032331 号

责任编辑：孟　锐/ 责任校对：彭　映
责任印制：罗　科 / 封面设计：墨创文化

科学出版社出版
北京东黄城根北街16 号
邮政编码：100717
http://www.sciencep.com

成都锦瑞印刷有限责任公司印刷
科学出版社发行　各地新华书店经销
*
2021 年 10 月第 一 版　开本：B5（720×1000）
2023 年 3 月第二次印刷　印张：11
字数：240 000

定价：128.00 元
（如有印装质量问题,我社负责调换）

前　言

枯叶蛱蝶属（*Kallima* Doubleday, 1849）[鳞翅目（Lepidoptera）：蛱蝶科（Nymphalidae）：蛱蝶亚科（Nymphalinae）]蝴蝶，因其停息时翅膀合拢酷似一片枯叶而闻名于世，习惯上常被统称为枯叶蛱蝶。英国博物学家 A. R. Wallace 称之为“在蝴蝶中最为神奇且毫无疑问的保护性相似实例”（... the most wonderful and undoubted case of protective resemblance in a butterfly），并以之作为达尔文自然选择进化理论的有力佐证之一。该属大约包含了 8～9 个物种，特产于亚洲东南部的热带和亚热带地区，其中的绝大多数又集中分布在印度次大陆-中南半岛区域及邻近岛屿上，仅 1 种扩展到了秦岭南坡至琉球群岛中北部一线以南地区，即本书讲述的对象 *Kallima inachus*（Doyère, 1840）。

枯叶蛱蝶最不同寻常之处，无疑在于其成虫“逼真地”模仿了枯叶的形态，在学术著作、教科书和科普读物中常被引述为最典型的动物保护色和拟态实例之一，但实则人们对其行为习性知之不多。Wallace 最早在其 1867 年发表的著名论文“Mimicry, and other protective resemblances among animals”中，详细描述了枯叶蛱蝶对枯叶形状、颜色和斑纹的模拟。他说，自己从未见过这些蝴蝶停栖在绿叶上，而总是停落到有枯叶的树木或灌丛中，有一两次发现其停息在残留有枯叶的小枝上，头部朝上，两侧后翅的尾突并拢贴着枝干。对于 Wallace 的记述，后人鲜有质疑，且在学术文献、公众读物及相关网站中广泛引述，甚至予以进一步推演成枯叶蛱蝶总是停息在枯叶丛中或落叶堆中。实际上，这种看似恰如其分的、对树上枯叶所在位置及朝向的精确模拟，无论在野外还是实验种群中基本上并不会发生。相反，在日常活动中，枯叶蛱蝶经常停息在绿叶上面或下面。显然，人们对于枯叶蛱蝶的认识尚存在不少误区。

因具有较高的观赏和教学科普价值，近 20 年来，枯叶蛱蝶受到了越来越多的自然爱好者及资源昆虫研究者的关注。目前其基本生物学特征已经被弄清，人工繁育技术也已取得突破。本书作者自 20 世纪 90 年代初开始，在持续关注四川峨眉山区野生枯叶蛱蝶种群动态和保育的同时，陆续开展了当地枯叶蛱蝶种群的生活史、幼虫和成虫习性、人工繁育及历史生物地理等方面的研究工作。现将相关资料连同他人的研究成果整理成册，便于与广大昆虫爱好者及相关领域研究人员分享，同时也为有关部门制定该种珍奇蝴蝶的保育对策提供参考。

全书分 9 章。第 1 章从昆虫形态学的角度详细描述了枯叶蛱蝶成虫的外部功能性构造，第 2 章介绍了峨眉山枯叶蛱蝶的幼期虫态、生命周期、年生活史及生殖力等主要生活史特征，第 3 章和第 4 章分别讲述了幼虫和成虫的主要生活习性及主要天敌等内容。由于生殖休眠在枯叶蛱蝶生活史中具有极为重要的适应意义，本书专辟一章（第 5 章）介绍枯叶蛱蝶雌成虫生殖休眠的生态生理特征，包括休眠的发生期、休眠性质、休眠进展、诱发休眠的环境条件及休眠发生对环境条件的敏感虫期，等等。第 6 章探讨了峨眉山枯叶蛱蝶野生种群目前面临的生存危机，提出了具体的保育措施建议。第 7 章介绍了枯叶蛱蝶人工繁育主要环节的一些基本技术要求，第 8 章和第 9 章分别探讨了峨眉山枯叶蛱蝶种群的分类地位和历史生物地理。

书中的原创资料是中国林业科学研究院资源昆虫研究所、四川省乐山市农业科学研究院、玉溪师范学院众多科研人员，以及峨眉山区大量志愿调查者共同辛勤努力完成的成果。玉溪师范学院的毕丽红女士、袁楷先生及云南中林生物资源科技有限公司的杨洋女士参与了绘图、图片处理和初期校稿工作，峨眉山市峨眉蝶文化发展有限公司提供了部分实验材料。在此一并致谢！

本书的出版得到了林业公益性行业科研专项项目“开放式蝴蝶景观构建关键技术研究及应用”（201504305）和中国林业科学研究院中央级公益性科研院所基本科研业务费专项资金项目“枯叶蛱蝶滞育调控及无休眠繁育技术研究”（CAFYBB2017MB015）的资助。

限于著者的学术水平，书中资料难免有误，敬请读者指正。同时，也受限于作者的精力，本书内容仅涉及峨眉山期枯叶蛱蝶的形态、分类、主要生物学特征、生殖休眠、保育和历史生物地理等方面，力图展现其真实的生活情形和生存现状。期待本书的出版能促进对枯叶蛱蝶伪装功能、机制和进化等方面研究工作的深入开展。

目　　录

第 1 章　成虫的形态学特征

成虫是枯叶蛱蝶长出翅膀而具备飞行机能、性成熟而具备生殖能力的生活史阶段，也是枯叶蛱蝶能够呈现其著名的枯叶伪装形态的虫期。与其他昆虫一样，枯叶蛱蝶的成虫也是由头、胸、腹三个体段组成，头部是取食和感觉中心，胸部是运动中心，腹部是代谢和生殖中心。成虫翅膀背面色彩艳丽，腹面则呈现各种枯落树叶的常见颜色和斑纹。枯叶蛱蝶闻名遐迩的枯叶模拟形态乃是由其成虫停息时的翅膀形状、翅腹面的色斑与虫体各部分协同造就的。本章从昆虫形态学的角度详细介绍枯叶蛱蝶成虫的外部功能性构造。

1.1　体 躯 构 造

成虫的体躯，即虫体，大略呈圆筒形，左右对称，分为头部、胸部和腹部 3 个体段(图 1-1)。体表密被鳞片，背面黑褐色，密生长鳞毛；头部和胸部的侧面在不同个体中呈现不同颜色，在成虫翅膀合拢时与翅腹面的颜色协同构成枯叶伪装色。依其功能不同，各体段上着生有不同附器。中胸、后胸及腹部 1～8 节侧面各具 1 对气门，为呼吸器官在体表的开口。头部和胸部的体壁硬化，腹部除末端的生殖节外，其余体节体壁柔软，相互间通过柔软的节间膜连接，可自由活动。虫体自头部下唇须前端至腹部末端长 30～35mm。

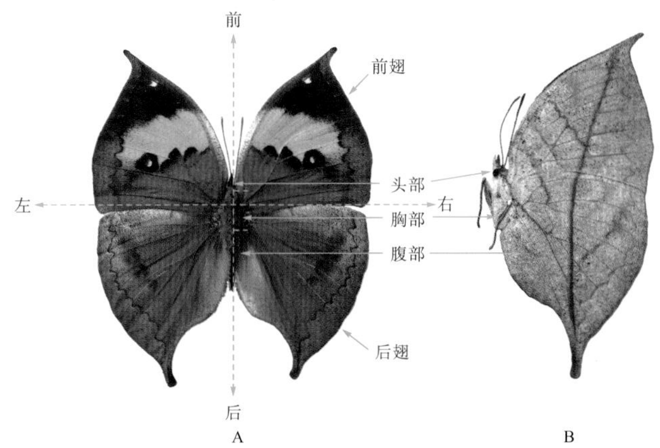

图 1-1　枯叶蛱蝶成虫的体躯构造和体向

A. 展翅背面(♀)；B. 合翅腹面(♀)

1.1.1 头部

头部(head)为成虫的摄食和感觉中心，具有复眼、触角、喙管及下唇须等附器(图 1-2)。锥形，背面黑褐色，密布长鳞毛；侧面和腹面的颜色则因个体而异。连接头部与胸部的颈部细短，使头部可自由活动。

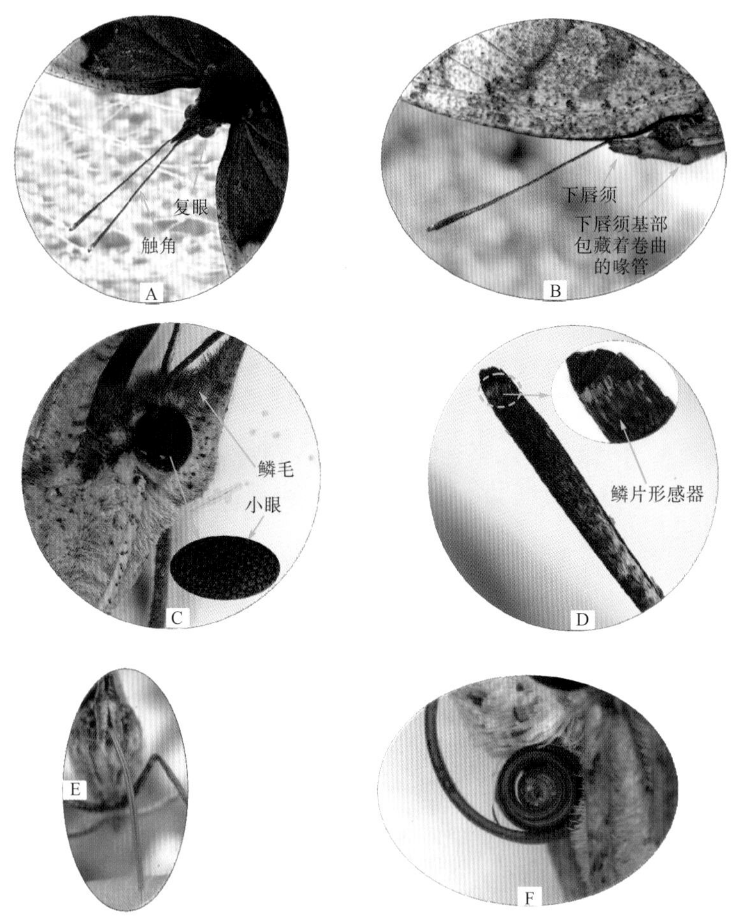

图 1-2 枯叶蛱蝶成虫的头部

A. 头部背面；B. 前下侧面；C. 后侧面；D. 触角端部；E. 伸出的喙管；F. 卷曲的喙管

1. 触角

触角(antenna)1 对，黑褐色，细长呈棒状，端部膨大，基部着生于头部背面中线两侧的膜质触角窝内，可自由活动，长 17.21±0.28mm(♂)或 17.95±0.25mm(♀)。触角分节，基部第一节为柄节，第二节为梗节，其余各节共同组成触角的鞭节。柄节和梗节均很短，合计总长度不足 1mm，隐藏于头部背面的鳞毛丛内。露出外面的为鞭节，长 16.51±0.26mm(♂)或 17.17±0.24mm(♀)。鞭节由数量略有差异的鞭小节组成，雌成虫鞭小节数为 49～54 节，雄成虫鞭小节数为 47～52 节。雌成虫触角柄节、梗节和鞭节的长度均大于雄成虫。

触角是成虫的主要嗅觉器官，据唐宇翀等(2013)观察，其上分布有至少 5 类感受器，以鳞片形感受器数量最大。触角对于成虫在飞行中保持平衡也很重要。因而，触角在成虫觅食、求偶、避敌和产卵活动中均具有重要功能。

2. 复眼

复眼(compound eye)是成虫的主要视觉器官，位于头部侧上方，整体呈半球形，暗褐色。复眼由数目众多的小眼(ommatidia)组成，具有强大的视觉功能，对运动的物体尤其敏感，在枯叶蛱蝶求偶、产卵和防卫中具重要作用。

3. 喙管

喙管(proboscis)是成虫用于摄取液体食物的虹吸式口器，像一根柔软的吸管，末端尖细，不用时卷曲于头下方，隐藏在下唇须基部的喙管腔内。喙管由左右两条侧叶组成，每条侧叶向内一侧具有纵沟，左右侧叶嵌合后便形成了喙管中央的吸食管道。

4. 下唇须

枯叶蛱蝶的下唇须(labial palpus)较长，着生于头部前下方的下唇上，伸出头前方，整个头部因此呈尖锥状，在蝶类中显得与众不同。这种形状特化，有助于将虫体与合拢翅膀的轮廓融为一体，是成虫枯叶伪装形态的构成部分之一。下唇须由左右 2 片侧叶合拢而成，表面密布由鳞片特化而成的鳞毛。

1.1.2　胸部

胸部(thorax)是成虫的运动中心，由 3 个体节组成，分别称前胸、中胸和后胸。3 个胸节之间高度愈合，各节均不能独立活动。各胸节的腹侧着生有胸足 1 对，分别称前足、中足和后足；中胸和后胸背侧各有 1 对翅，分别称前翅和后翅(图 1-3)。背面黑褐色，散布有青蓝色鳞，密被黑褐色鳞毛；侧面和腹面密被细长鳞毛，颜色因个体而异，但均与翅膀腹面的颜色一致，以此将虫体胸部融入成虫整体的枯叶伪装形态。

前足(fore-leg)退化，蜷缩在前胸腹面；中足(mid-leg)和后足(hind-leg)发达，适宜步行。中、后足均分为6节，从基部到末端依次为基节、转节、腿节、胫节、跗节和前跗节。其中，基节粗短，转节短小，此两节均隐藏在体表的鳞毛丛内。腿节粗长，颜色较深；胫节细长，颜色较浅，边缘有小刺，末端有距。中后足的跗节均由5个小节构成；前跗节末端有爪，故又称爪节。成虫停栖时主要以其中后足跗节的第3～5小节和前跗节接触物体表面，支撑起整个身体。3对胸足表面均密布有特化的鳞片。

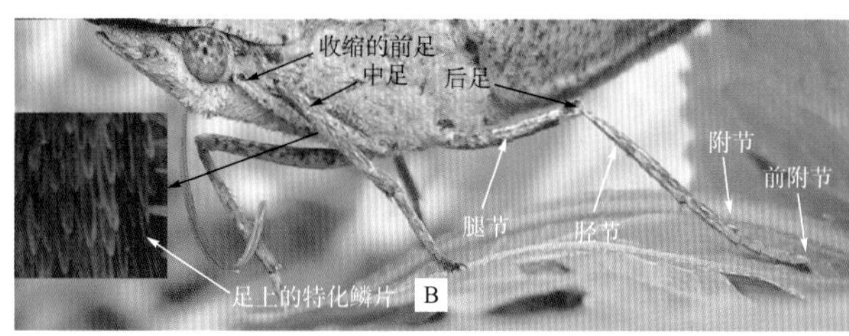

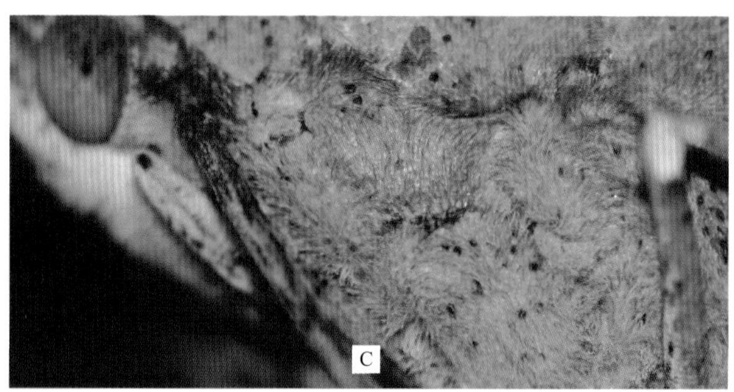

图 1-3 枯叶蛱蝶成虫的胸部

A. 背面；B. 侧面；C. 胸部侧面的鳞毛

1.1.3　腹部

腹部是成虫的代谢和生殖中心，无运动用的附肢，内部包含了消化系统、呼吸系统、循环系统和排泄系统的大部分及全部内生殖系统。腹部的整体形状呈纺锤形，背面和侧面黑褐色；腹面颜色与翅膀腹面相似(图 1-4)。成虫合拢翅膀时，两侧后翅的后缘将腹部完全包裹起来，仅在日光浴、取食、产卵或求偶守候期间偶尔露出腹部。

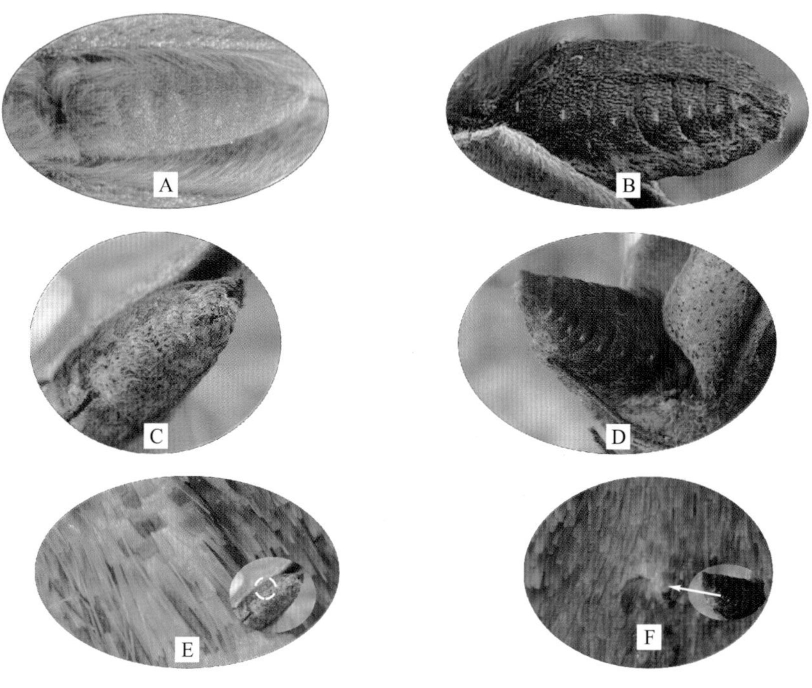

图 1-4　枯叶蛱蝶成虫的腹部

A. 背面；B. 侧面(雌)；C. 腹面(雌)；D. 侧面(雄)；E. 腹部的鳞片和鳞毛；F. 腹部气门

腹部由 10 节组成，第 1 节退化，第 9、10 节特化为生殖器官(故称生殖节)。2～8 腹节之间由柔韧的节间膜和侧膜连结，能伸缩和扭曲。雌蝶腹部一般较雄蝶粗壮，腹末较为平截，而雄蝶的腹部略显细长。

雌成虫腹部第 7 节明显较长，第 8～10 节细小，平时缩入第 7 节内，仅在产卵时伸出可见。雌蝶的外生殖器官为双孔式，即经由交配孔在交配囊中交配，而卵则经由产卵孔排出体外。交配孔在第 7 和第 8 节腹板间，产卵孔在第 9 和第 10 腹板间。产卵孔的两侧有 1 对叫“肛乳突”的瓣状结构，雌成虫产卵时以这两个瓣片夹持着即将产出的卵粒，将其准确放置于寄主植物叶片或其他物体表面。

1.2 翅膀的构造

翅膀是成虫的飞行器官，在体内飞行肌的牵引下，可令成虫急速飞行。中、后胸各着生有 1 对翅膀，着生于中胸的叫前翅(fore-wing)，着生于后胸的为后翅(hind-wing)，前翅较后翅发达，形状和色斑也有明显差异(图 1-5)。成虫停息时，两侧翅膀合拢竖立于虫体背面，前翅后缘紧贴在后翅前缘外面。后翅基角部位的肩脉凸出翅面，具有连接前后翅的作用。翅膀的基体为双层膜质构造(翅膜)，双层翅膜之间有由气管固化而成的翅脉。翅膜本身是透明的，但其表面密布细小的鳞片，不同颜色的鳞片组成了翅膀表面的颜色和斑纹。翅膀的背腹两面具有全然不同的色斑图式，尤以腹面最为复杂。

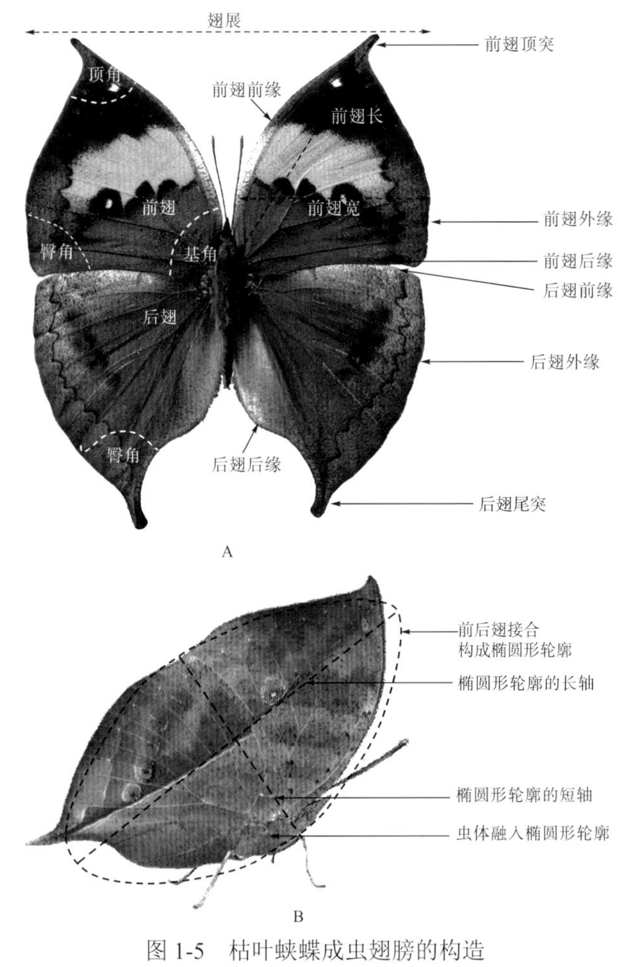

图 1-5 枯叶蛱蝶成虫翅膀的构造

A. 展翅正面；B. 合翅腹面

1.2.1　形状和大小

1. 形状

前后翅均呈沿短轴分开的半椭圆形。将翅膀展开后，在前翅中，半椭圆的短轴位于后方，沿半长轴的顶点在前方；在后翅中，半椭圆的短轴位于前方，沿半长轴的顶点在后方。成虫停息时，两侧翅膀合拢竖立于背面，两个半椭圆的短轴相叠，前后翅接合呈一张椭圆形树叶状（图 1-5B）。

在前翅中，半椭圆的短轴为前翅的后缘[posterior margin，又称内缘（inner margin）]，靠近虫体一侧的弧线为前缘（costal margin），外侧弧线称外缘（outer margin）。外缘在翅脉 2 端部向外突出，但外缘在突出部前后仍为平滑的弧线形，而非像枯叶蛱蝶指名亚种 *Kallima inachus inachus* 那样形成一个明显的钝角。在翅膀基部，后缘与前缘形成的夹角为基角[basal angle，又称肩角（humeral angle）]；在翅膀的外后方，后缘与外缘形成的夹角称臀角（tornus）；前缘与外缘的夹角为顶角（apical angle）。翅膀在顶角处自翅脉 8 末端向前外方突出，称为前翅顶突（apical protrude）。这个顶突被认为是模拟了树叶叶尖的形状。绝大多数雌蝶的顶突较长，呈弯钩状，末端钝圆，而雄蝶的顶突较短，端部较尖。但也有少部分雌蝶和雄蝶的顶突都很短，不易区分。

在后翅中，半椭圆的短轴为前缘，外侧弧线为外缘，内侧弧线为后缘。外缘与后缘结合部为臀角，翅膀在臀角处向后方延伸，形成一个长 6～8mm 的尾突（anal protrude）。这个尾突被认为是模拟了枯叶的叶柄形态。后缘在 1a 脉端部和臀角之间向内急剧凹陷，使后缘的弧线显得不甚规则。

2. 大小

雌蝶翅膀略大于雄蝶。雌成虫前翅长（翅基至顶突末端）、宽（翅基至翅脉 2 端部）分别为 46.19±1.49mm 和 38.17±2.03mm（n = 21）；雄成虫前翅的长和宽分别为 43.31±1.95mm 和 34.88±1.28mm（n = 31）。将翅膀水平展开后，左右前翅翅脉 2 端部之间的距离为翅展（wing span）。夏季羽化雄蝶翅展为 60.34～71.19mm（平均 66.56±5.32mm，n = 17），雌蝶翅展为 63.23～71.45mm（平均 68.76±4.87mm，n =12）。秋季羽化的雌雄成虫体型均略大于夏季羽化个体。

3. 翅面

将翅膀展开，翅膀朝着背向的一面为背面（dorsal side），又称上面（upper side）；朝着腹向的一面为腹面（ventral side），又称下面（under side）。

1.2.2 翅脉和翅室

翅脉(vein)由双层翅膜之间的气管硬化而成，是翅膀的骨架，其功能在于增加翅膜的强度。相邻翅脉之间的区域称翅室(cell)。翅脉和翅室将翅膀背腹面划分为不同区域，在描述翅膀上的颜色和斑纹时十分有用。

1. 翅脉

翅脉的排列顺序称翅脉序(venation)，简称脉序或脉相。在鳞片覆盖的翅面上，翅脉所在位置清晰或隐约可见(图 1-6)。

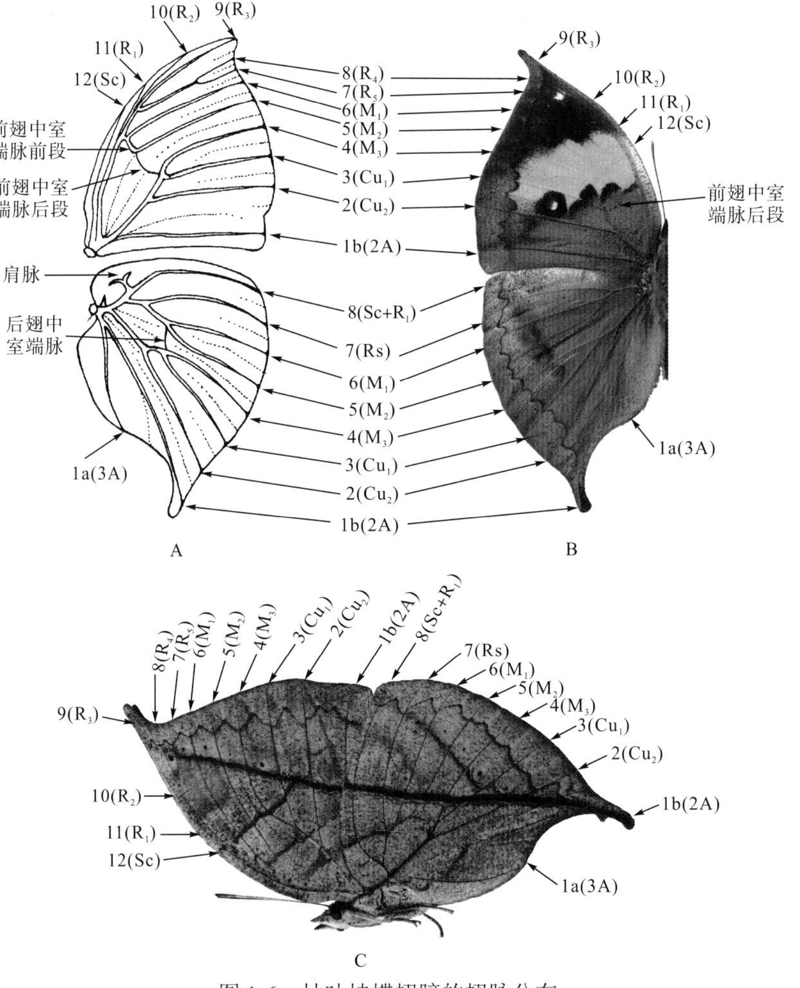

图 1-6 枯叶蛱蝶翅膀的翅脉分布

A. 脱鳞翅膀(背面右侧)；B. 未脱鳞翅膀(背面左侧)；C. 未脱鳞翅膀(左侧腹面)

枯叶蛱蝶的脉序较为简单，大多为纵脉(longitudinal vein)，由翅基部发出、向外缘方向延伸。其中，前翅翅脉 9 自翅脉 7 基部分出，翅脉 3 和 4 自中室下角分出，后翅肩脉端部分叉。横脉(cross vein，纵脉之间的横向短脉)基本退化，仅余下前翅中室的端脉。每条翅脉都被给予了特定的名称，这种名称可以是字母，也可以是数字。本书采用了简单易记的数字命名法(汉普森命名法)，从翅膀的后缘开始向前缘依次以阿拉伯数字代表每条纵脉。但因字母命名法(康尼命名法)在国内仍被广泛使用，在图 1-6 中仍将翅脉的字母命名附注在数字命名后的括号内。

2. 翅室

与翅脉一样，各翅室均有其专门的名称。当翅脉以数字法命名时，各翅室以其后面的翅脉命名；当翅脉以字母法命名时，各翅室则以其前面翅脉名称的小写字母命名(图 1-7)。唯一不以前/后缘翅脉命名的翅室为中室(discal cell；discoidal cell)，前翅中室位于翅脉 4 与翅脉 6 基部的连线以内，端部翅脉 5 和 6 之间的一小段横脉发达，翅脉 4 至翅脉 5 之间的横脉细小，但明显存在。后翅中室在翅脉 4 基部和翅脉 5 近基部连线以内，端部横脉细小。因此，枯叶蛱蝶前后翅中室均为闭室。

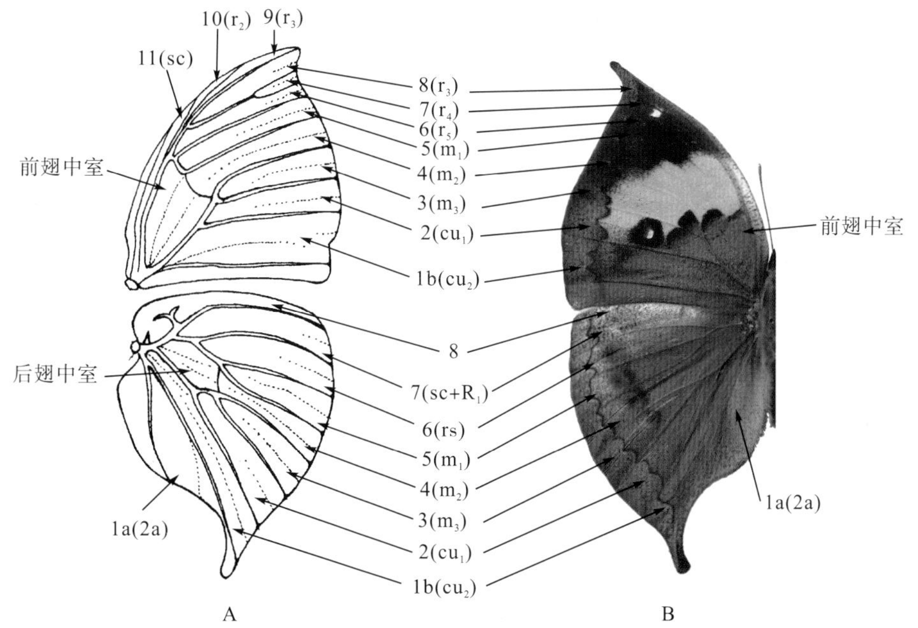

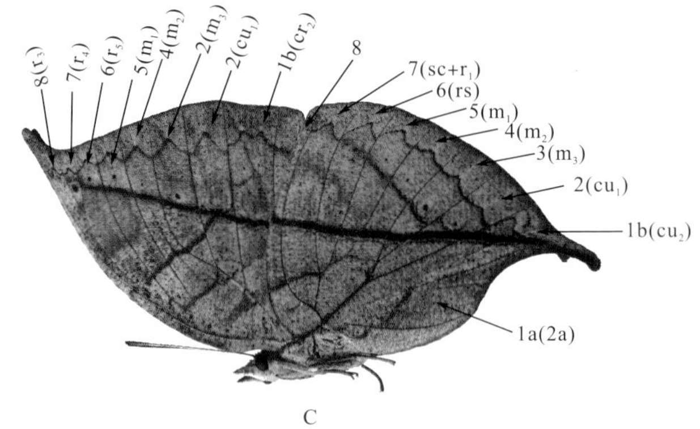

图 1-7　枯叶蛱蝶翅膀的翅室分布

A. 脱鳞翅膀(背面右侧)；B. 未脱鳞翅膀(背面左侧)；C. 未脱鳞翅膀(左侧腹面)

(数字命名法时，翅室以后面的翅脉命名；字母命名法时，翅室以前面的翅脉命名)

1.2.3　翅膀内部的分区

在描述翅膀背、腹面的色斑图式时，翅脉和翅室提供了一个很好的坐标系统。但为了更简洁、准确地描述各种色斑的位置，有必要进一步划分翅膀的内部区域(图 1-8)。

图 1-8　枯叶蛱蝶翅膀背面和腹面的分区

A. 翅膀背面；B. 翅膀腹面。前翅背面的分区：1. 顶区；2. 亚顶区；3. 外缘区；4. 亚缘区；5. 外中区；6. 基中区。后翅背面分区：7. 前缘区；8. 基中区；9. 后缘区；10. 外中区；11. 亚缘区；12. 外缘区。前翅腹面的分区：1. 顶区；2. 亚顶区；3. 外缘区；4. 亚缘区；5. 外中区；6. 基中区。后翅腹面的分区：7. 外缘区；8. 亚缘区；9. 外中区；10. 基中区；11. 后缘区参照其他蛱蝶的翅膀分区，根据枯叶蛱蝶翅膀形状演变的实际情况，自外缘朝基部方向，将前翅背面依次划分为外缘区（marginal area）、亚外缘区（亚缘区）（submarginal area）、外中区和基中区。其中的“基中区”，为单一的青蓝色鳞区，包括了典型鳞翅目昆虫前翅的中区（discal area）、内中区（subdiscal area）、亚基区（postbasal area）和基区（basal area）。此外，靠近顶角的部位为顶区（Apical area），顶区下方为亚顶区（subapical area）。

在后翅正面，划分有 6 个区域。靠近前缘的部位为前缘区（costal area），靠近翅膀后缘、包裹虫体腹部的区域为后缘区（posterior area）。这两个区域因具有不同于其他区域的颜色而被单独划分出来。在前缘区和后缘区之间，自基部向外缘依次为基中区、外中区、亚缘区和外缘区。

在前翅的腹面，划分了 6 个区，自外缘向基部方向依次为外缘区、亚缘区、外中区和基中区，外加翅膀顶部的顶区和亚顶区。后翅腹面则被划分为外缘区、亚缘区、外中区、基中区和臀区。

1.2.4　鳞片

翅膀的背腹面均覆盖着一层瓦片状、颜色各异的鳞片（scale）。这些鳞片形状和大小各异，但多数鳞片为长方形或近似长方形，长 400～500μm，宽 150～200μm，基部尖锥状，插入翅膜内，末端有 4～6 个锯齿。部分鳞片明显较其他鳞片大或小，还有一些鳞片形状发生了很大改变，呈现各种形状特化（图 1-9）。这些鳞片整齐、层叠排布在翅膀表面，靠近基部一侧鳞片的末端覆盖在靠外一侧鳞片的基部上方。鳞片与翅膜的结合并不紧密，容易脱落。

鳞片为翅膜中一些特化细胞（鳞片细胞）的分泌物，内含有鳞片细胞产生的色素颗粒，这些色素颗粒的颜色决定了每个鳞片呈现的颜色。鳞片细胞为单个上皮细胞在蛹发育的早期特化而成，在蛹发育的后期（约临近羽化前 2 天）在不同鳞片细胞内合成各种色素物质。通常单个鳞片中只含有一种颜色的色素颗粒，但也有少量鳞片中似乎沉积有 1 种以上的色素。这种由色素颗粒产生的颜色称色素色或化学色，容易在日光照射下分解而令翅膀颜色消褪。在后文的翅膀色斑描述中，均使用了新近羽化的标本。枯叶蛱蝶翅膀背腹面的颜色主要为色素色，但其色素颗粒的化学本质尚不清楚。在其他蝴蝶中，已知主要有蝶啶类、眼色素类、黑色素类、黄酮类以及凤蝶色素等。

鳞片细胞合成色素颗粒发生在蛹发育的后期，故而在成虫羽化前，其翅膀各部位的颜色和斑纹就已经定型。成虫羽化后，随着翅膜伸展、硬化，不同颜色鳞片的特定空间分布形成了各种形状和大小的斑、点、线、带、纹等图式成分，各个图式成分的组合构成了翅膀背、腹面的整体色斑图式。

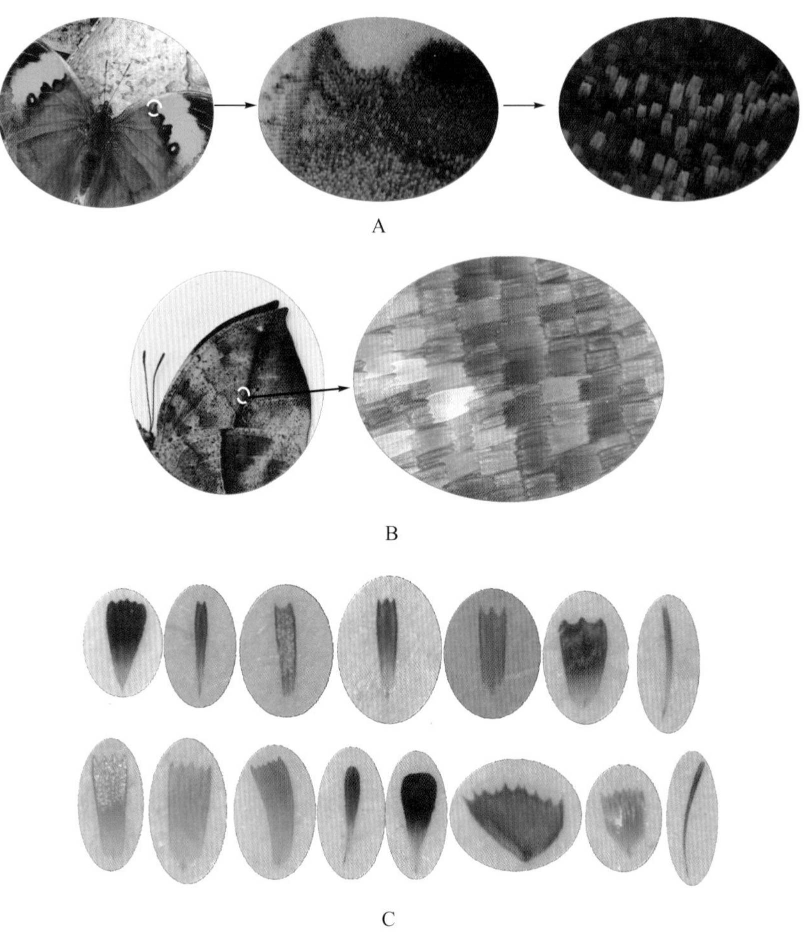

图 1-9 枯叶蛱蝶翅膀表面的鳞片和鳞毛

A. 翅膀正面；B. 翅膀腹面；C. 鳞片的多种形状

除了鳞片，翅膀和体躯上还分布一些毛状物，它们与鳞片的起源一致，称鳞毛。鳞片和鳞毛的主要成分都是一种叫几丁质的蛋白质复合物。

1.3 翅膀背面的颜色及斑纹图式

翅背面的颜色艳丽，主要有青色、蓝色、橙色及黑色四种颜色，部分个体中有呈紫色的鳞片出现，前翅的色斑图式较后翅复杂。这些颜色和斑纹图式主要是由不同颜色鳞片中的色素产生的(图 1-10)，但如果变换视角观察，翅膀背面也会呈现出不同色泽，表明结构色仍然是存在的。这是由鳞片上的脊纹、小面及颗粒构造使光线发生散射而产生的。翅背面的色斑可能在枯叶蛱蝶的种内识别及防卫中扮演了重要角色。

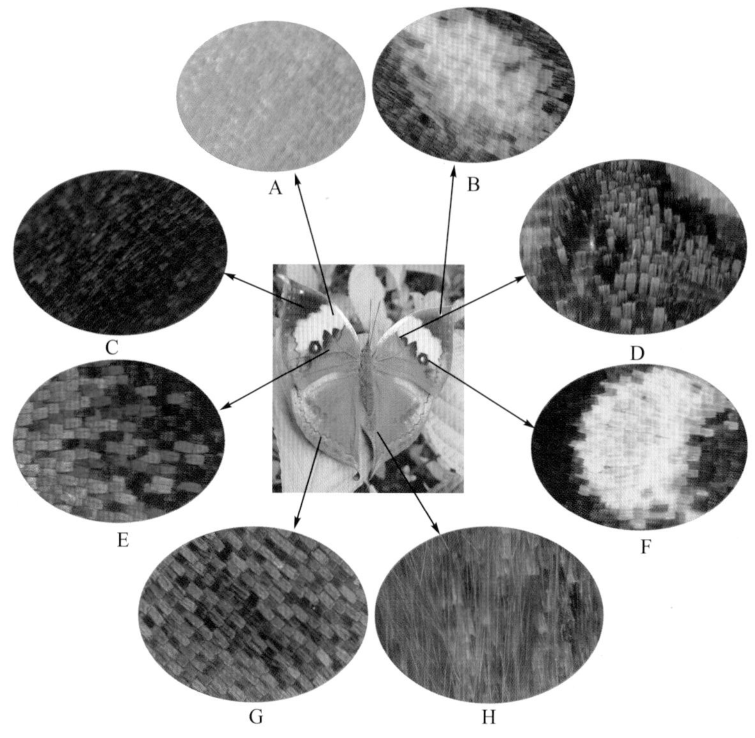

图 1-10　枯叶蛱蝶翅膀背面的不同区域的鳞片组成

A. 前翅中斜带内部；B. 前翅顶区翅室 7 内小白斑；C. 前翅亚顶区蓝黑色区；D. 前翅中室端条伸入中斜带内形成的指形突；E. 翅室 3 内中斜带下缘黑斑内缘；F. 翅室 2 内中斜带下缘眼斑的中央瞳点；G. 后翅外中区的模糊环形斑；H. 后翅鳞毛

1. 前翅

顶区和亚顶区主要为蓝色鳞，翅室 7 内有小白斑 1 个，这个小白斑通常扩展至翅室 8 内；少数个体亚顶区偶有模糊小白点 1～3 个。肉眼看上去，亚顶区为黑色或蓝黑色，但其实均为深蓝色的鳞片，内部沉积有大量的蓝色色素颗粒(图 1-11)。亚缘区内有波状线纹 1 条，向前延伸至前翅顶角，但在顶区内已不甚明显。

在外中区，一条宽阔的橙色带自前缘斜向外缘后方延伸，将前翅正面大致等分为青、橙和蓝黑 3 个区域。这条橙色带被命名为“中斜带”(oblique discal band)。

中斜带的下缘大致沿中室端条（end-cell bar）向后下方延伸入翅室 1b 的外缘区内，其上缘大致自翅脉 10 末端向后下方延伸入翅室 3 外缘区内。

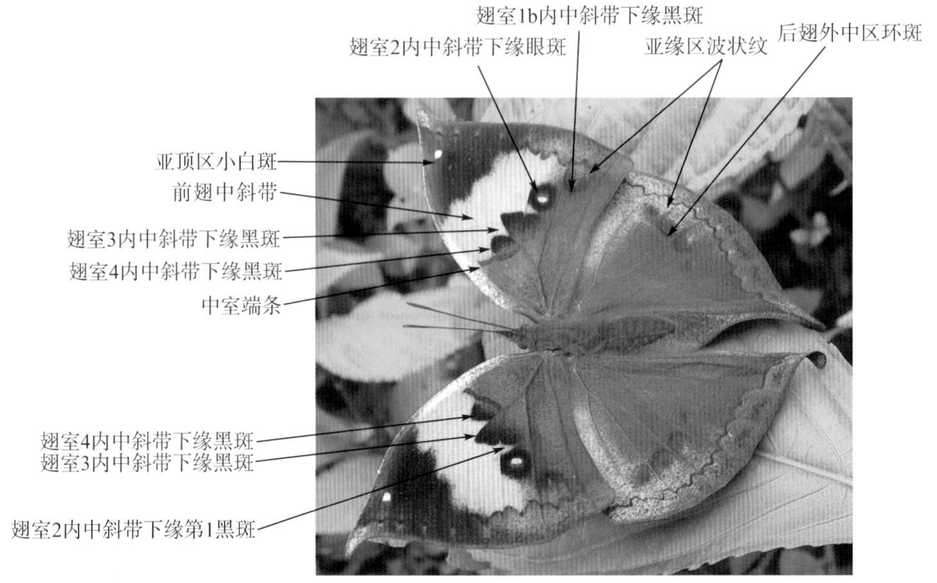

图 1-11　枯叶蛱蝶翅膀背面的主要色斑

中斜带在外中区内的部分几乎全为单一橙色鳞片，进入亚缘区后开始有黑色和青蓝色鳞掺入，越往外中斜带内的黑色鳞密度越大。在中斜带的下缘，通常有 4～5 个大型黑斑，明显且在所有个体中固定出现的有 4 个，分别位于翅室 4、3、2 和 1b 内。其中，翅室 2 内有 2 个黑斑，靠外侧的一个为中部具白色瞳点的眼状斑。这个眼斑瞳点的形状并非十分固定，在不同个体中分别呈长方形、椭圆形或半圆形。瞳点区覆盖有一层白色鳞片，半透明状。翅室 1b 内的中斜带下缘黑斑在部分个体中退化或完全消失，黑色鳞的位置被青蓝色鳞占据。中斜带的上缘呈锯齿状，为亚顶区的深蓝色鳞扩散入中斜带内所致。

中室端部有一青蓝色条形斑，称中室端条，其后端与翅室 4 内的中斜带下缘黑斑愈合，前上端则呈手指形延伸入中斜带内。基中区为单一的青蓝色，这个区域及后翅基中区的颜色，可分别被视为前、后翅正面的底色。

前翅背面鲜艳的橙色中斜带，配以下缘黑色眼状斑，这种色斑图式有时被认为对捕食者具有恐吓作用，但更为重要的或许还是作为同种个体间识别的视觉信息。

2. 后翅

与前翅相比，后翅背面的色斑图式较为简单。前缘区和后缘区浅褐色，其余大部区域均为单一的暗青蓝色。翅室 1b、2 和中室内密生黑褐色长鳞毛。亚缘区有波状亚缘线 1 条，外中区翅室 3～6 内有 1 列模糊的黑褐色环形斑，为常见于其他蛱蝶中的眼斑退化后余下的残迹。

1.4　翅膀腹面的颜色及斑纹图式

与背面相比，翅腹面的颜色较为晦暗，但个体之间在颜色和斑纹上的变化要比背面复杂很多，主要体现在整体颜色、不同颜色的区域分布格局、线纹和斑点的隐显或有无等方面。迄今为止，无论是在学术著作还是科普读物中，人们对枯叶蛱蝶翅腹面色斑的描述都是非常粗略的。大家常说，枯叶蛱蝶翅腹面的颜色像枯叶的颜色。可问题在于，不同树种、不同腐烂程度的枯叶，其颜色也是千变万化的。

翅腹面的整体颜色可以是某种单一颜色，也可能是不同单一颜色之间的杂合，而任意整体颜色又可具有不同的颜色空间分布格局。任意色型，即颜色类型及其空间分布格局，可能未伴有任何明显的斑纹，也可能具有多种斑纹中的一种至全部种类，而这些斑纹的加入有时会显著改变翅面的颜色及其空间分布格局。因而，翅腹面具有大量的颜色和斑纹图式组合类型，要十分精确地对所有个体的颜色和斑纹进行描述显得有些困难。在此，作者试图对枯叶蛱蝶翅膀腹面的颜色和斑纹图式作一相对规范而精细的描述。一般认为，在动物的伪装防卫中，颜色扮演着最为关键的角色。

需要说明的是，在本节中，作者在尽力参照典型鳞翅目昆虫的翅膀分区和色斑命名方式的同时，也根据枯叶蛱蝶的具体情况，采用了一些非传统的词语描述枯叶蛱蝶腹面的部分斑纹特征。主要原因在于，在漫长进化过程中，因匹配枯叶形状和色斑图式的需要，枯叶蛱蝶翅膀的形状已经发生了很大改变，一些与其他蛱蝶翅膀的色斑同源的斑纹，也发生了极大的变形和移位，不同起源的线纹之间也常有合并和连接发生。例如，在普通昆虫学教材中，将鳞翅目翅膀上与体轴走向相同的条纹称为横线或横带。在枯叶蛱蝶中，尽管这些条纹均呈现出不同形式的前后走向，但不同条纹的走向与体轴的夹角却相差悬殊。倘若左前方、正前方和右前方三种不同走向的条纹都被统称为“横带”或“横线”，难免让人困惑这个“横”到底指的是什么方向，不利于普通读者阅读理解。

再者，无论翅膀背面的色斑多么艳丽，人们对于枯叶蛱蝶的最大兴趣，仍然在于其翅腹面的枯叶伪装形态。这种伪装形态是成虫停息时两侧翅膀合拢、前后翅接合后呈现出的整体形态。在分别描述前后翅颜色和斑纹特征的同时，将这些色斑放在枯叶伪装的整体视野中观察，更能方便读者直观地认识枯叶蛱蝶伪装特征的具体内涵。在这个视野，即前后翅接合构成的椭圆面中，在单个翅膀上原本是沿纵脉分布、在昆虫形态学上属于纵向的线纹，就成了沿椭圆面短轴走向的“横向”线纹，而原本横向分布的亚缘线，此时也成了“纵向”线纹。

1.4.1 颜色

翅腹面的颜色，可能是各种特征中最难以准确描述的。首先，腹面颜色在个体间差异颇大，包括红褐色、浅黄色、灰色及黄绿色等较为单一、容易描述的颜色类型，以及一些难以描述、似乎为杂合体的色型(图 1-12)。

图 1-12 枯叶蛱蝶成虫翅膀腹面的颜色变化(部分)

其次，从不同颜色在翅面上的分布看，似乎存在 2 种基本的模式(图 1-13)。在第 1 种模式中，翅膀各区域的颜色大体一致，我们将其称为均一型分布。在这种颜色分布模式中，容易给予翅腹面一个底色类型。在第 2 种模式中，外中区以外斜线为界，被分为外中区外半区和外中区内半区两部分，这两个区域分别具有明显不同的颜色。出现在外半区的颜色，总是出现在前翅翅室 1b 内中轴线外侧，及后翅中轴线外侧翅室 3～6 内，形成固定形状的色斑。在翅膀的其他区域，则是两种颜色不甚规则地镶嵌分布。这种颜色分布模式，我们称之为“斑驳型分布”。在这种颜色分布模式中，难以给予翅腹面一个底色类型。

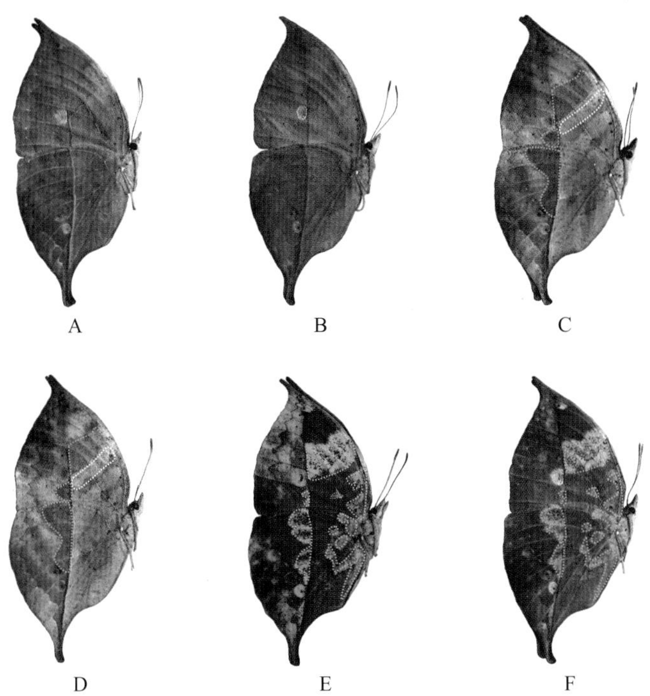

图 1-13　枯叶蛱蝶翅腹面的 2 种颜色分布格局

A、B. 均一分布；C～F. 斑驳分布

翅腹面的颜色及其空间分布格局显然具有遗传性，但并不一定呈现为简单的孟德尔式遗传。例如，黑色斑驳型双亲可产下斑驳型和均一型两种后代，二者比例为 2.1∶1(n = 100)(图 1-14)。

又如，红褐色双亲交配后，可产下红褐色、灰褐色和灰色后代，但红褐色个体比例占 94%(n = 50)，另两种色型合计只占 6%(图 1-15)。

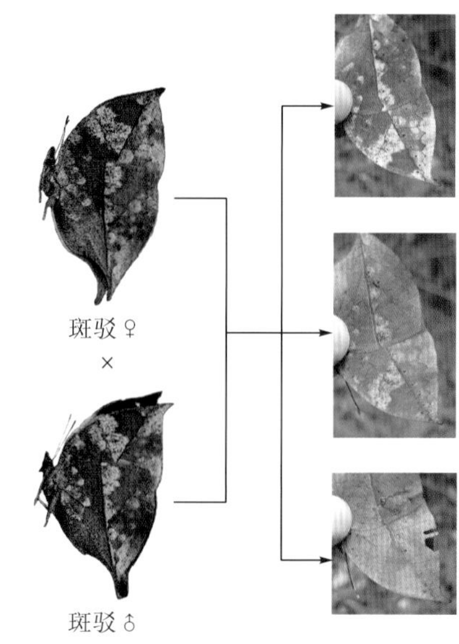

图 1-14　黑色斑驳型双亲的后代性状分离

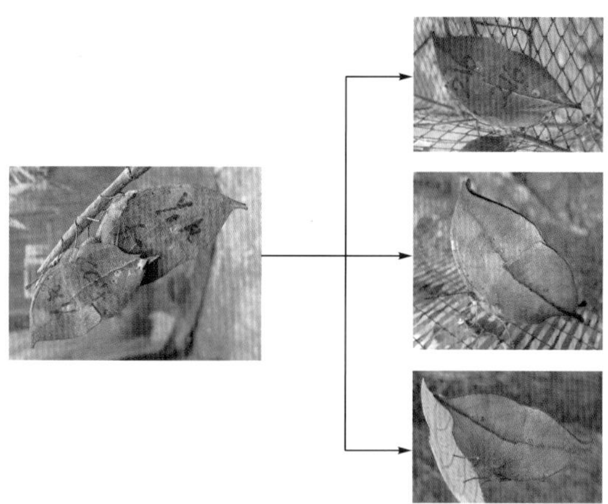

图 1-15　红褐色双亲的后代性状分离

不同色型之间的杂合、颜色与斑纹间的相互作用，叠加环境条件对颜色表达的影响，使枯叶蛱蝶个体之间存在几乎无限的腹面颜色变化。正如 A. R. 华莱士所言，几乎找不到两头腹面色斑完全一致的标本。

1.4.2　线纹

翅腹面的线纹，当其发生时，分布在翅膀的不同区域，主要包括：从前翅顶角至后翅尾突的中轴线、沿纵脉分布的横线、亚缘线及中轴线两侧的斜向条纹(图 1-16)。这些线纹，在有的个体中非常突显，而在另一些个体中则较为隐晦，甚至消失。

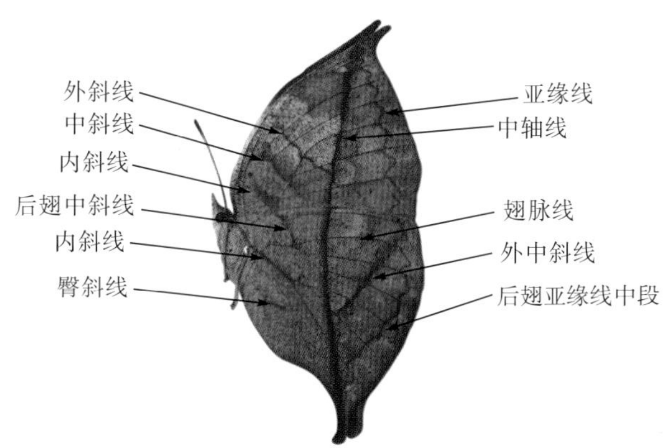

图 1-16　枯叶蛱蝶翅腹面的常见线纹

1. 中轴线

中轴线为成虫停息时，从前翅顶角至后缘中部、再经后翅前缘中部至臀角并伸入尾突中的线条，相当于合翅椭圆面的长轴，被认为是模拟了树叶的中脉。在一些个体中，中轴线颜色很深，看上去似乎是明显增宽加厚了，其实仍为单层鳞片叠层结构，只是线条内鳞片中的色素沉积量较大。另一些个体中，中轴线鳞片中的色素沉积量与线条附近的鳞片无异，使该线条看上去不是十分突显。还有部分个体的中轴线颜色则介于前两者之间(图 1-17)。

图 1-17　枯叶蛱蝶翅腹面中轴线不同程度的黑化

A. 高度黑化；B. 中度黑化；C. 浅色；D. 高度黑化中轴线上的鳞片组成；E. 浅色中轴线上的鳞片组成

2. 翅脉线

在一些个体中，翅脉所在位置的鳞片较翅脉两侧的鳞片中沉积了更多的色素颗粒，从而使翅脉位置得以清晰呈现。这些沿翅脉走向的线纹称“翅脉线”。而在其他个体中，翅脉所在位置鳞片中的色素沉积量与附近鳞片并无明显差异，使得翅脉的位置不那么容易被找到(图 1-18)。这些翅脉线被部分人认为是模拟了枯叶的侧脉，另一些人则认为不是。

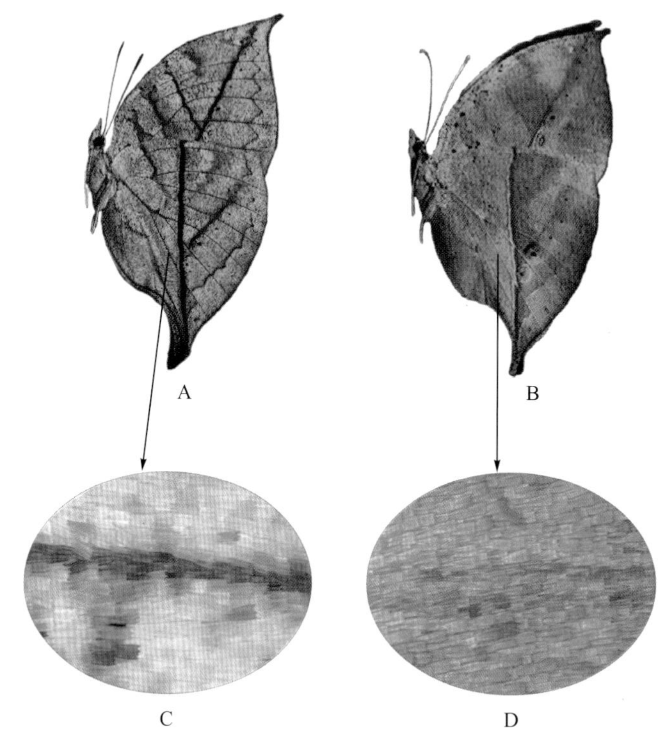

图 1-18　枯叶蛱蝶翅腹面翅脉线的明显与隐晦

A. 显翅脉线；B. 隐翅脉线；C. 显翅脉线上的鳞片组成；D. 隐翅脉线上的鳞片组成

杂交实验结果显示，翅脉线为单基因显性遗传性状。均具有翅脉线的双亲交配后，其后代分离为显翅脉线和隐翅脉线两种表型，两种表型的比例为 4∶1 (n=110) (图 1-19)。

3. 其他线纹

除了中轴线和翅脉线，翅腹面的其他常见线纹还包括亚缘波状线及一些位于中轴线两侧的斜向线纹。这些线纹也被给予了专门的名词(图 1-16)。在前翅中，

图 1-19　具明显翅脉线双亲的后代分离情况

显翅脉线(VL)：隐翅脉线(vl) = 4∶1(n= 110)

自顶角向后贯穿亚缘区的波状线纹为“亚缘线”；中轴线内侧、沿中室端脉走向的为“中斜线”；中斜线外侧、位于外中区中部的为“外斜线”；中斜线内侧、位于中室中部的为“内斜线”。

在后翅中，中轴线内侧、自翅脉 7 基部向前内侧延伸至前缘的，为“中斜线”。在中室后缘、翅脉 2 基部至翅脉 3 和 4 分叉点之间的，为“内斜线”。该线较细，且与翅脉线重叠，故而不大明显。在后缘区 1a 和 1b 脉之间，通常有“臀斜线”1 根，有时退化。在中轴线外侧，“外中斜线”自翅室 3 内发出，向前外侧延伸至后翅顶角；亚缘线在翅脉 6～2 之间增宽、折向翅膀内侧，从而与外中斜线平行。

一般情形下，上述线纹与翅脉线同时显或隐，即它们与翅脉线具有相同的遗传机制。

1.4.3　黑斑

在一些标本中，前翅顶区(中轴线内侧，翅室 7 内)、亚顶区(中轴线外侧，翅室 6 和 5 内)、外中区(中轴线外侧，翅室 2 和 1b 内；中斜线两端，翅室 5、2 和 1b 内)，后翅外中区(中轴线外侧，翅室 2 和 3 内)、中内区(内斜线两端，翅室 8

和 6 内；中室内；翅室 2 内）及 1b 脉中部等多个部位散布有大小、形状不一的黑斑（图 1-20）。这些黑斑多数近圆形，常被认为是模拟了不同程度腐烂落叶上的真菌菌落或地衣，故而被称为“拟霉斑”。

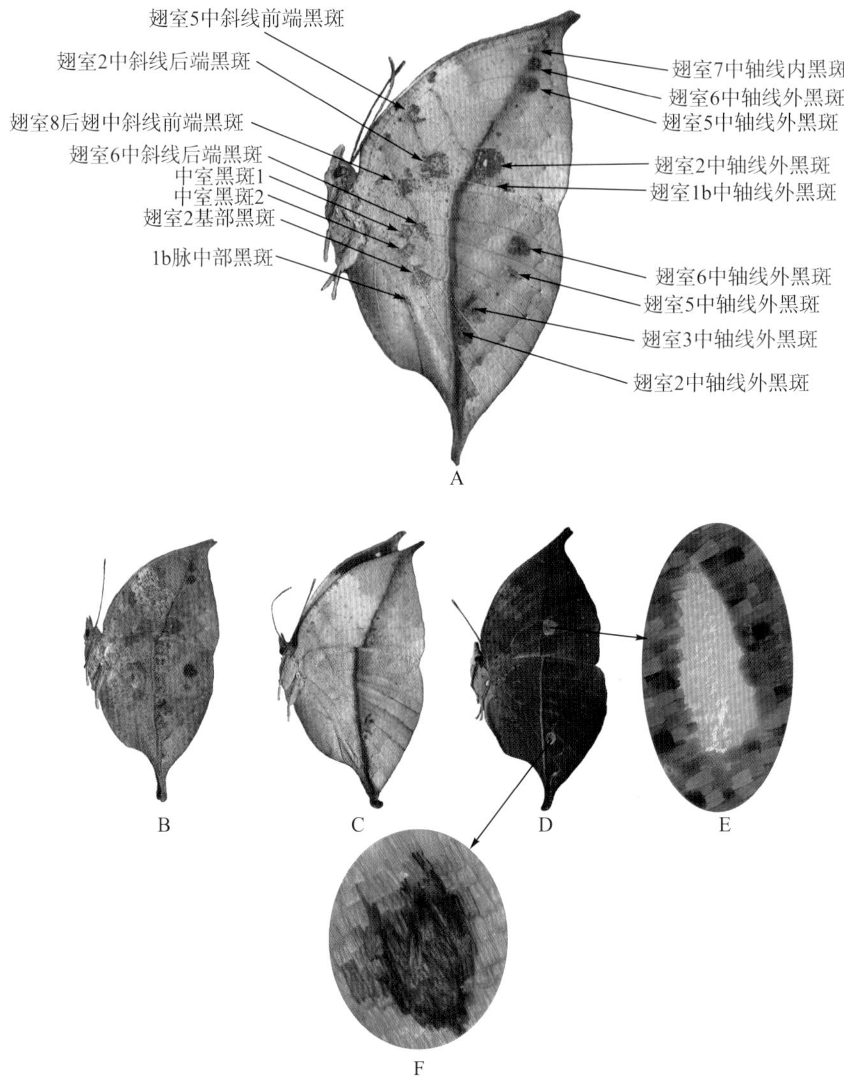

图 1-20　枯叶蛱蝶成虫翅膀腹面的黑斑分布

A. 翅腹面黑斑的发生位置；B. 黑斑的发生与否及位置独立于色型或其他斑纹；C、D. 黑斑缺失；E. 前翅腹面翅室 2 内的半透明斑；F. 后翅腹面翅室 2 内圆形斑圆心的鳞片组成

当这些黑斑发生时，其出现的位置是固定的，但各部位黑斑的形状和大小差异悬殊，部分黑斑在一些个体中退化为残迹或完全消失。黑斑通常出现且形状大

致为圆形的部位为：前翅翅室 2 内紧靠中轴线外侧及中斜线后端；后翅外中区中轴线外侧翅室 2、3 和 6 内靠近亚缘区位置，以及基中区翅室 2 的基部。前翅翅室 2 内中轴线外侧的圆形斑中央有一个浅色的区域，对应翅正面眼斑的瞳点，半透明状，常被认为是模拟了树叶上的虫蛀穿孔。

在其他一些个体中，这种黑斑则退化为黑点或完全消失。需要提及的是，在前翅中轴线外侧翅室 2 和后翅中轴线外侧翅室 2 内(有时也包括翅室 3 内)，若无大型黑斑发生时，则各呈现一个浅色的圆形斑，圆斑的颜色依翅面的色型而异。这两个圆形斑，也被一些昆虫爱好者视为模拟了枯叶上的“刻蚀”或虫蛀穿孔。圆形斑圆心部位的鳞片在形状和排列上明显不同于周围区域，是否具有特定的功能尚有待考证。

杂交实验显示，黑斑为单基因显性遗传性状，黑斑对无黑斑为完全显性(图 1-21)。均有黑斑的双亲交配后，其后代分离为有黑斑和无黑斑两种表型，比例为 3.1∶1 (n=110)。

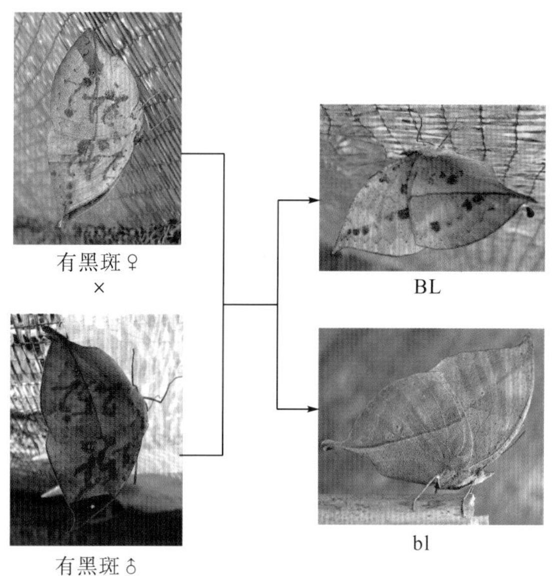

图 1-21　具黑斑双亲的后代性状分离情况

后代有黑斑(BL)/无黑斑(bl) = 3.1∶1 (n = 91)

1.4.4　黑点

一些个体翅腹面的基中区和外中区密集散布小黑点，这类黑点通常为单个黑色鳞片，被认为是模拟了凋落初期枯叶上的微小菌斑。其他个体中，这种小黑点密度明显较低甚至几近于无(图 1-22)。杂交实验显示，这种小黑点密集分布也是一个单基因显性遗传性状。

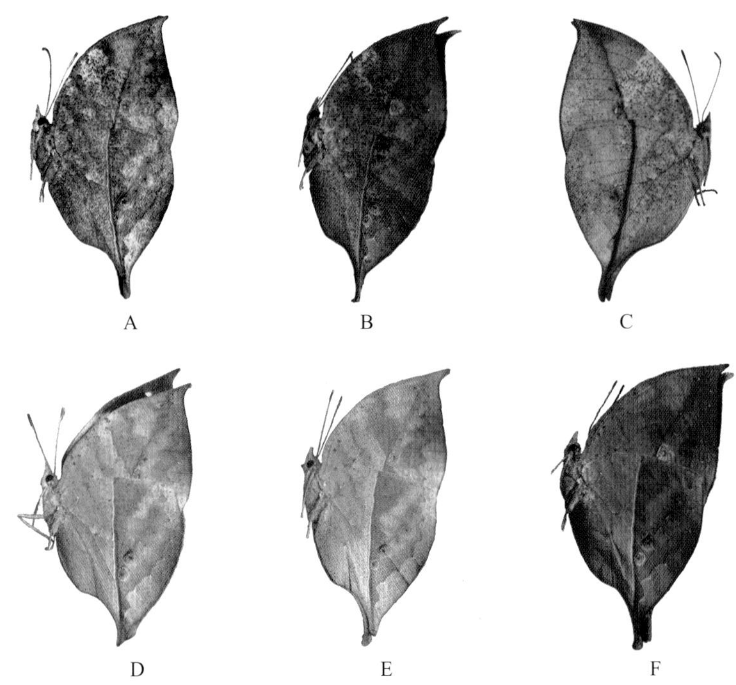

图 1-22　枯叶蛱蝶成虫翅膀腹面黑点密度的差异

A、B. 黑点密集；C. 黑点稀疏；D～F. 黑点近缺失

1.4.5　翅腹面斑纹与蛱蝶底图的联系

昆虫学家们认为，各种蝴蝶翅膀上千变万化的斑纹图式其实都遵循了一个共同的组织模式，即所谓的蛱蝶底图(nymphalid groundplan)(图 1-23)。这是一个实际并不存在、大概也未曾出现过的假想斑纹分布图式，用以阐释所有蛱蝶的翅膀色斑有着共同的起源。

这个底图被设想为基部、中部和外部 3 个轴对称系统的简单组合(图 1-23A)。每个对称系统各包含了 1 条内侧线条和 1 条外侧线条。在中部对称系统的中央，通常有中室端斑；在外部对称系统的中央，包含了蛱蝶科蝴蝶中常见的圆形眼状斑。由于纵向翅脉的存在，每个对称系统的两侧线条被分解成了独立的色斑单元(图 1-23B)。依照这个思路，便不难理解枯叶蛱蝶翅膀腹面那些神奇的、酷似枯叶上常见色斑的斑纹特征是如何产生的了(图 1-23C)。

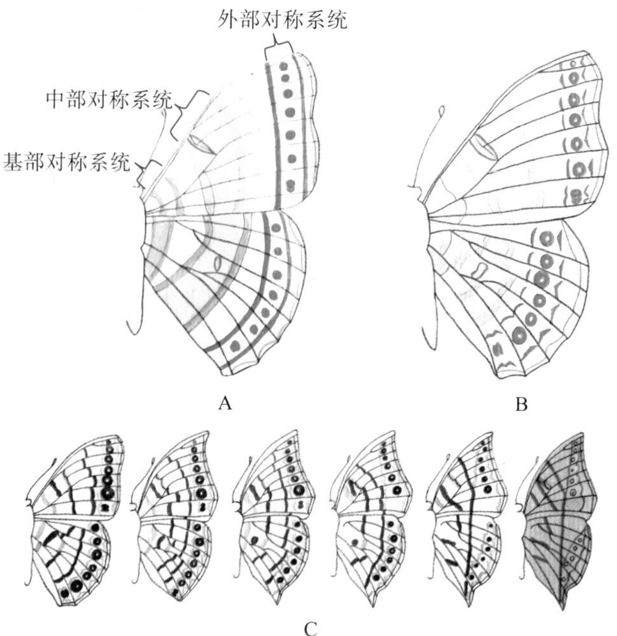

图 1-23　枯叶蛱蝶成虫翅膀斑纹与假想蛱蝶斑纹底图的联系

A. 3 个假想的对称系统；B. 翅脉将各对称系统中的条带裂解为离散斑点；C. 枯叶蛱蝶翅膀形状和腹面色斑的一种演变过程示意

首先，可以设想，为了更有效地欺骗依靠视觉觅食的捕食者，枯叶蛱蝶必须在形状、大小、颜色和斑纹等各个方面都与环境中的枯叶相似。尽管枯叶蛱蝶野外生境中的常绿/落叶阔叶树种很多，但绝大多数树种的叶片都呈椭圆形，故而这种蝴蝶的前后翅逐渐从原来的近三角形演变为半椭圆形，停息时前、后翅接合便成为近似树叶的椭圆形。

其次，为了模拟枯叶的中脉、侧脉及其他树叶自身常有的斑纹特征，假想蛱蝶底图中 3 个对称系统两侧的独立色斑均发生了不同程度的移位、变形和连接，分别形成了若干线段。而这些线段的走向在进化过程中逐渐改变，以更加匹配生境中常见枯落叶上的类似线条特征。翅脉线的发生，也大概是为了模拟一些枯叶的侧脉，尽管一些作者不这么认为。但并非所有树种落叶的侧脉都是明显的，部分成虫缺失明显的翅脉线也就匹配了这类树木的枯叶。

再次，主要是颜色、颜色分布格局和斑纹特征的不同组合，产生了翅膀腹面伪装色的高度多态性，这大概是为了匹配生境中不同树种、不同腐烂程度枯叶具有的各种颜色和斑纹。模拟多种多样的树叶特征，可以降低模拟者相对于模型的密度，减轻捕食者对单一色斑类型的捕食压力。

最后，假想蛱蝶底图中外部对称系统中的眼斑，尽管在许多现今生活着的蛱蝶种类中存在，但在枯叶蛱蝶中基本退化，仅余下残迹。这种常被人们视为具有恐吓或分散捕食者注意力(distraction)作用的圆形眼斑，并不是常见枯叶上的典型特征，因而在枯叶蛱蝶的枯叶伪装中不再具有实际的生态意义，逐渐为其他类型斑纹所取代而退化。

在自然选择进化过程中，基因变异或许是无定向的，但选择却是定向的，这个方向就是枯叶蛱蝶所模拟枯叶的颜色、形状、大小和斑纹特征。在捕食者的视觉选择下，种群内那些具有更多枯叶特征或特征更像枯叶的个体更容易存活下来并产生自己的后代，哪怕是比匹配稍差的个体多存活半天，也能使具有更匹配特征的个体拥有更高的繁殖概率，从而令下一代种群中更多的个体具有更高的枯叶模拟精度。经历成千上万个世代的选择和繁殖后，枯叶蛱蝶的枯叶模拟精度得到不断提高。

1.5 性别差异

枯叶蛱蝶成虫雌雄同型，两性间在大小、形状、背腹面的颜色和斑纹上大体相同。尽管如此，雌雄个体间仍存在一些除外生殖器以外的其他外部形态差异(图 1-24A～D)。主要表现在：

(1)在绝大多数雌蝶中，前翅顶角向前外侧的突出通常较雄蝶的长而宽，呈带状，端部常略向腹面弯曲。多数雄蝶前翅的顶突则较短尖，呈尖三角形，突出部平展。但也有少数雌蝶的顶角突出较短，不易与雄蝶区分开。

(2)雌蝶前翅中斜带颜色略浅，呈橙黄色，雄蝶前翅中斜带颜色通常为深橙色。

(3)雌蝶体型略大。

(4)在翅膀腹面，在色型和斑纹相同时，通常雌蝶的颜色略浅。

1.6 季节差异

无论在实验种群还是野生种群中，均未发现翅膀腹面的伪装色具有明显的季节差异，也未发现明显的翅背面色斑季节型差异，即便在野生种群数量较大的 20 世纪 90 年代中期。但夏季和秋季羽化的成虫在形态上仍有一定的差别(图 1-24)，主要表现在以下两个方面：

(1)秋季，尤其是中秋前后羽化的个体通常较仲夏羽化个体略大，这可能是秋季气温较低的缘故。通常情况下，在一定温度范围内，外温动物在较低温度下发育出的个体具有较大的体型。

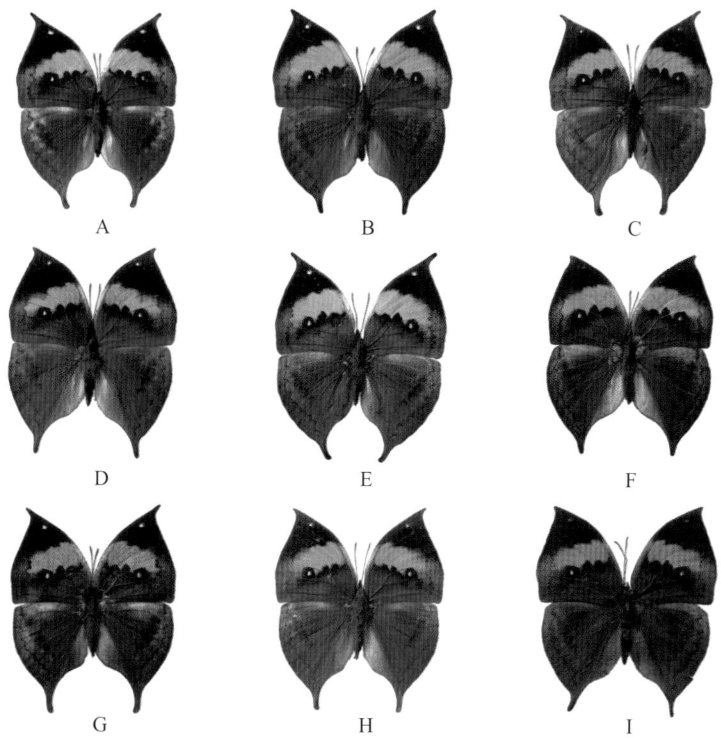

图 1-24　枯叶蛱蝶不同性别及羽化季节成虫的翅膀形态特征比较

A. 雌，前翅顶突长，2019 年 6 月 21 日羽化；B. 雌，前翅顶突较短，2019 年 6 月 24 日羽化；C. 雄，前翅顶突长，2019 年 6 月 20 日羽化；D. 雄，前翅顶突较短，2019 年 6 月 21 日羽化；E. 雌，前翅顶突长，2019 年 9 月 27 日羽化；F. 雌，前翅顶突短，2018 年 10 月 9 日羽化；G. 雄，2018 年 10 月 3 日羽化；H. 雄，2019 年 10 月 5 日羽化；I. 雄，2018 年 9 月 30 日羽化

(2) 秋季羽化成虫的前翅顶突大多凸出明显，而在夏季羽化个体中，短翅尖个体占比较大，尽管夏季也有不少前翅顶角高度突出的个体。因而，顶角的突出长度不能作为判断所谓夏型/秋型成虫的依据。

第2章 生 活 史

枯叶蛱蝶属于完全变态类昆虫，其生命历程始于受精卵从母体产出，经历了卵期胚胎发育、幼虫生长发育、蛹期发育和成虫生殖等 4 个阶段。在模拟野外条件建立的近自然人工环境中，枯叶蛱蝶实验种群一年发生 3 代，以休眠成虫越冬。成虫寿命和产卵期较长，繁殖力较高，世代重叠明显。枯叶蛱蝶具有较为复杂的生活史，主要体现在种群内的化性分化、世代重叠和成虫生殖休眠等方面。本章介绍峨眉山枯叶蛱蝶的幼期虫态、生命周期、年生活史及生殖力等主要的生活史特征。

2.1 个体发育史

作为完全变态类昆虫，枯叶蛱蝶的个体发育经历了卵(egg/ovum)、幼虫(larva/caterpillar)、蛹(pupa/chrysalis)和成虫(adult)等 4 个虫态(图 2-1)。其中的卵、幼虫和蛹 3 个虫期，被统称为幼期虫态(immature stages)，意即性发育尚未成熟的时期。到了成虫期，生殖器官发育成熟而具备生殖潜能，运动器官成熟而具备飞行机能。

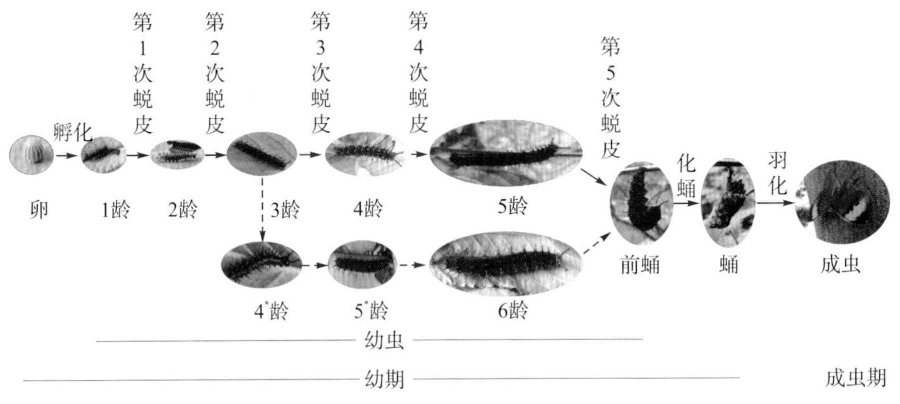

图 2-1 枯叶蛱蝶的个体发育史

(实线箭头代表通常的个体发育路线，虚线箭头表示在食料质量不佳时部分幼虫增加一次蜕皮的发育路线)

胚胎发育发生在卵壳内，从外面不易观察。但在胚胎发育后期，卵的颜色逐渐变暗，临近孵化前呈深褐色。幼虫和蛹期的发育统称为胚后发育，这个过程伴随着生长、蜕皮和变态。通常情况下，枯叶蛱蝶的幼虫具有 5 个龄期，经历 4 次蜕皮。但在食料条件欠佳，如因高温干燥引起叶片失水时，幼虫会增加一次蜕皮，从而具有 6 个龄期。这种情形在野外应当不会普遍发生，因为野外幼虫均在活体寄主植株上取食，食料条件优良。

刚从卵内孵化出的幼虫称初孵幼虫，在其第一次蜕皮前为 1 龄期，也称初龄期。第 1～4 次蜕皮，每蜕皮一次，幼虫龄期增加一龄，第 4 次蜕皮后进入 5 龄，即末龄。相邻两次蜕皮之间的时间称为龄期，1 龄幼虫的龄期为孵化至第一次蜕皮。每次蜕皮后，虫体的体积均出现明显增长，故又将幼虫的前 4 次蜕皮称生长蜕皮。

在枯叶蛱蝶的个体发育过程中，幼虫阶段的主要功能就是摄取食物、长大，同时积累成虫期生殖所需要的部分营养物质。末龄幼虫摄取了足够营养物质、生长至遗传决定的大小后即停止取食，准备化蛹。这段时期的末龄幼虫亦称老熟幼虫。老熟幼虫寻找适宜的场所，以其第 10 腹节上的腹足(臀足)末端的趾钩悬挂在物体下面，进入前蛹(pro-pupa)期。前蛹期是一个过渡时期，其前期仍是幼虫的内部构造及外部形态，但到后期，随着体内构造的急剧转变，实际上已成为一个被幼虫外皮包裹着的蛹。故而，有的学者将前蛹期归入蛹期。仅从内部构造来看，这个观点是适宜的。尽管如此，本章仍基于外部形态将前蛹归入幼虫期。

前蛹蜕下幼虫表皮即成为真正的蛹，这一过程称为化蛹(pupation)。至此，个体发育进入蛹期，外部和内部形态都发生了巨大改变。故这最后一次蜕皮又被称为变态蜕皮。蛹是一个静止虫态，不再摄食，也不能移动自己的位置。蛹也是幼虫和成虫之间的一个过渡虫态，但实际上在化蛹初期，成虫构造即基本成形，故而蛹期发育本质上是一个成虫器官的成熟过程。

成虫器官完全发育成熟后，即从蛹体内破壳而出，这个过程称为羽化(eclosion)。至此，枯叶蛱蝶进入其生命历程的最后一个阶段——成虫期。成虫在外形、内部构造、生活环境及习性等方面都完全不同于幼虫期，具备了生殖和大范围活动的能力，其一切活动均以生殖为中心。

2.2　幼 期 虫 态

幼期虫态包括卵、幼虫和蛹 3 个虫期，“幼”是相对于成虫期而言的，意即性未发育成熟的时期。

2.2.1 卵

卵是一个大型细胞，外面为起保护作用的卵壳，卵壳内包含有原生质、细胞核以及供胚胎发育用的营养物质(卵黄)。卵的整体形状为短圆柱形，略像香瓜，顶部和底部平坦。初产下时呈浅绿色、深绿色或蓝绿色。直径 1.02～1.23mm，高 1.06～1.20mm。卵壳硬而脆，半透明，有光泽，表面均匀分布有肉眼可见的纵脊(纵向脊状突起)。纵脊之间部位平滑，无明显突起或其他外被物(图 2-2)。

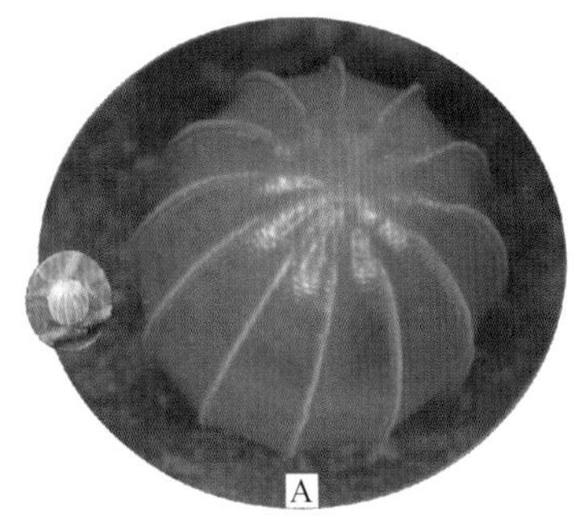

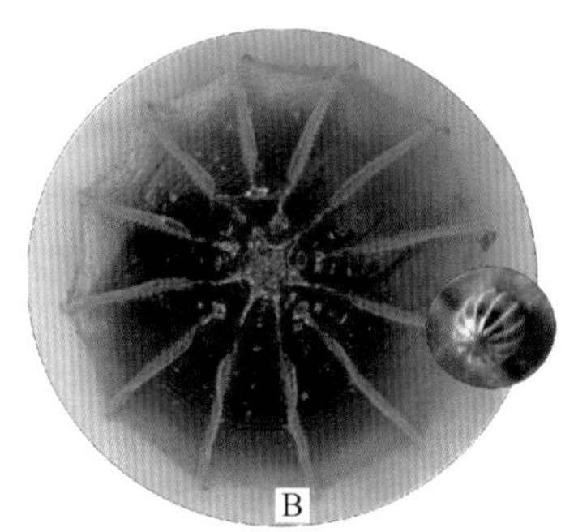

图 2-2　枯叶蛱蝶卵的外部形态

A. 初产卵；B. 临近孵化卵(顶部)

在卵壳的顶部，有构造特殊的精孔区，精孔区中央有一个供精子进入卵内的小孔，称受精孔，亦称卵孔。雌蝶产卵时以附腺分泌物将受精孔封闭，并将卵黏附在寄主植物或附近杂物的表面。在胚胎发育后期，卵的颜色加深，幼虫头部清晰可见，临近孵化时卵变为黑褐色。未受精的卵颜色不发生变化，逐渐干瘪。

2.2.2 幼虫

1. 概述

通常情况下枯叶蛱蝶的幼虫只有 5 个龄期，但在食料条件欠佳时，会增加一次蜕皮。在野外，由于食料条件优良，虽不能完全排除 6 龄个体发生的可能性，但应可忽略不计。

幼虫体分为头、胸和腹 3 个体段。头部具咀嚼式口器，适于取食植物叶片。胸部 3 节，每节有胸足 1 对；前胸及 1～8 腹节侧面各有 1 对气门。腹部 10 节，第 3～6 及 10 节上各有腹足 1 对，第 10 节上的腹足又称臀足。腹足端部有趾钩，用于抓附在物体表面。初龄幼虫密布硬细毛(刚毛)，头部上方无角状突起；2 龄以后体表多枝刺，头部有角突 1 对。

2. 1 龄幼虫

初孵时胸腹部浅褐色，取食卵壳后虫体迅速增大、伸长，逐渐变为黑褐色(图2-3)。头壳黑色，疏生黑色刚毛，无头角，头壳宽度 0.84±0.049mm(n = 34)。龄末体长 4.52±0.57mm(n = 37)。1 龄幼虫体表的刚毛为原生刚毛，其排列方式称为毛序，是重要的幼虫分类特征。

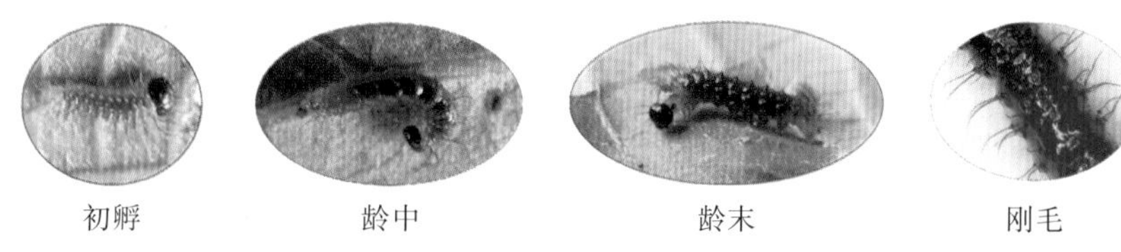

初孵　龄中　龄末　刚毛

图 2-3　枯叶蛱蝶的 1 龄幼虫

3. 2 龄幼虫

头壳黑色，密生黑色刚毛，背面有 1 对角状突起，角突长度约 0.9mm，头角上有小刺(图 2-4)。胸腹部黑褐色至黄褐色，密布黑色枝刺。各枝刺的位置为：背中线，第 1～8 腹节，其中第 8 腹节上有枝刺 2 个，分别位于腹节前后缘；背侧线，中胸至第 8 腹节；气门上线，中胸和第 1～10 腹节；气门线，仅后胸；气门下线，前胸至第 8 腹节；足基线，前胸至第 7 腹节。其中，足基线枝刺较小，均为成对小刺；背侧线枝刺基部暗黄色，其余枝刺黑色。头壳宽 1.21±0.05mm(n = 35)，龄末体长 13.20±2.14mm(n = 35)。

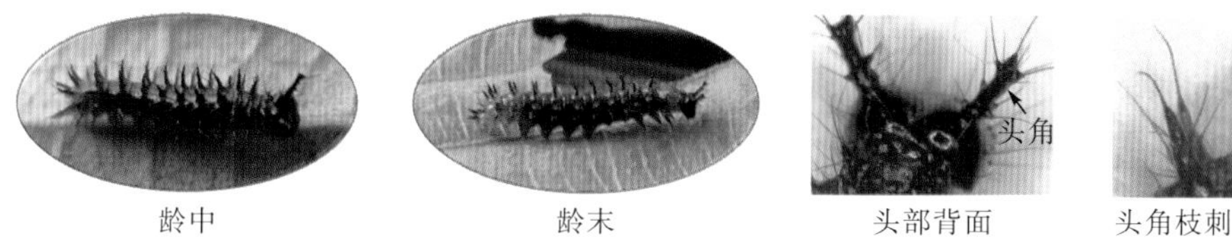

龄中　龄末　头部背面　头角枝刺

图 2-4　枯叶蛱蝶的 2 龄幼虫

4. 3 龄幼虫

头角长约 2mm(图 2-5)。胸腹部黄褐色，枝刺的位置与 2 龄期相同。背侧线枝刺基部黄色至暗黄色，其余枝刺黑色。头壳宽 1.82±0.06mm(n = 32)，龄末体长 17.25±2.27mm(n= 32)。

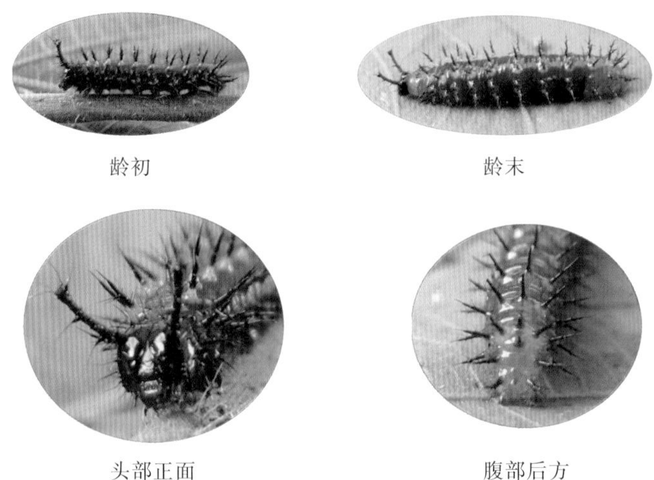

图 2-5 枯叶蛱蝶的 3 龄幼虫

5. 4 龄幼虫

头壳黑色，密生硬毛，头角长约 3.7mm。胸腹部表皮黑色，临近末期渐至深灰色；背中线枝刺基部暗黄褐色，背侧枝刺基部橙黄色至黄色，其余枝刺黑色(图 2-6)。头壳宽 2.75±0.08mm($n = 28$)，龄末体长 23.21±3.12mm($n = 28$)。

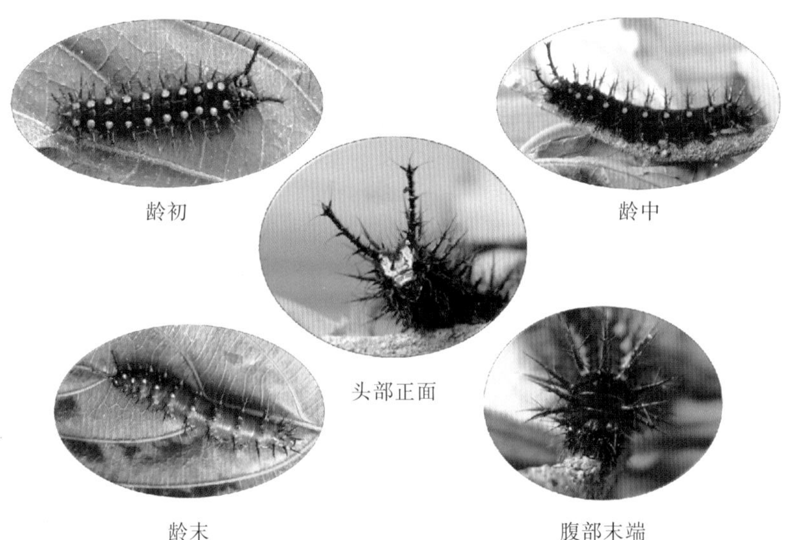

图 2-6 枯叶蛱蝶的 4 龄幼虫

6. 5 龄幼虫

头壳黑色，头角长约 5mm。胸腹部黑色至黑褐色，疏生黑褐色浅毛；枝刺尖硬，黑褐色至红褐色，基部黑色(图 2-7)。头壳宽 4.18 ± 0.12mm(n = 26)，龄末体长 47.53 ± 6.14mm(n = 26)。

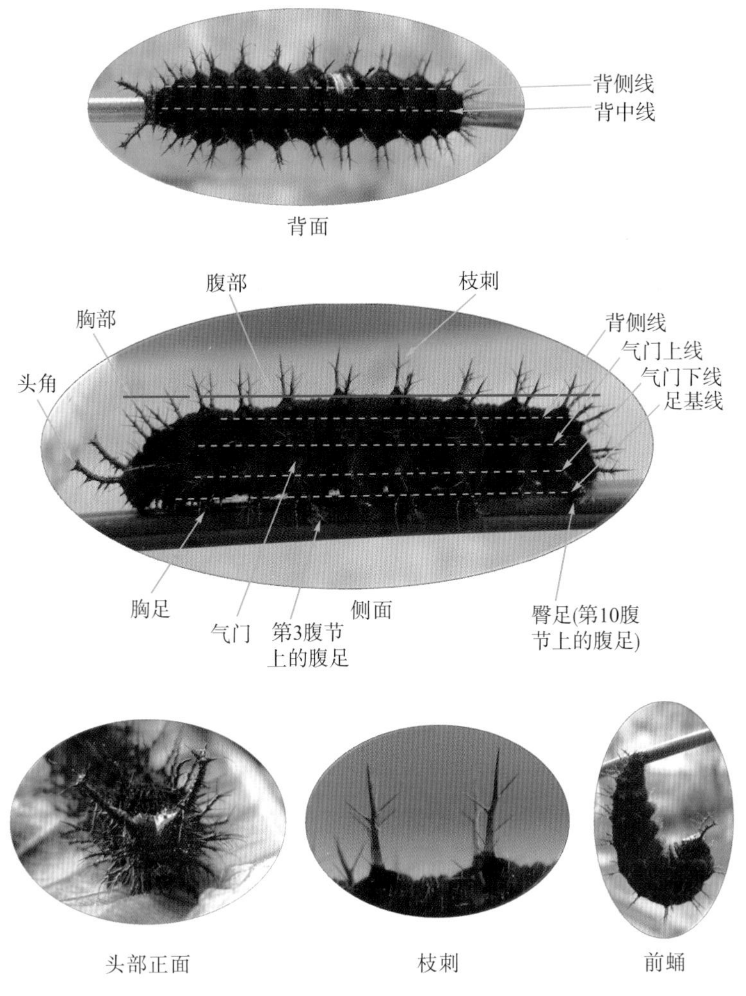

图 2-7　枯叶蛱蝶的 5 龄幼虫

老熟幼虫停止取食，爬到阴暗处，附着在物体的下方，分泌织造一小块丝垫。然后虫体开始缩短、体壁增厚。最后，幼虫以其臀足末端的趾钩悬挂在自己分泌形成的丝垫下面，虫体弯曲呈钩状，中后胸膨胀，颜色变淡呈水浸状，进入前蛹期。此时的幼虫，实际上已只是包着幼虫表皮的蛹。

具有 6 个龄期的幼虫，其 1～3 龄期体表颜色、体毛和/或枝刺排列与普通幼虫的 1～3 龄期并无区别。而其第 4 龄期(为便于区分，记为 4^*龄)与普通幼虫的 3 龄期在形态和习性上十分相似，只是表皮色泽减弱，头角稍有延长，头壳略有加宽。其第 5 龄期(记为 5^*龄)和第 6 龄期则分别与普通幼虫的 4 龄和 5 龄期相似，仅头角稍有延长，头壳略有加宽(图 2-8)。幼虫龄期的增加是环境条件使然，并不具有遗传性。

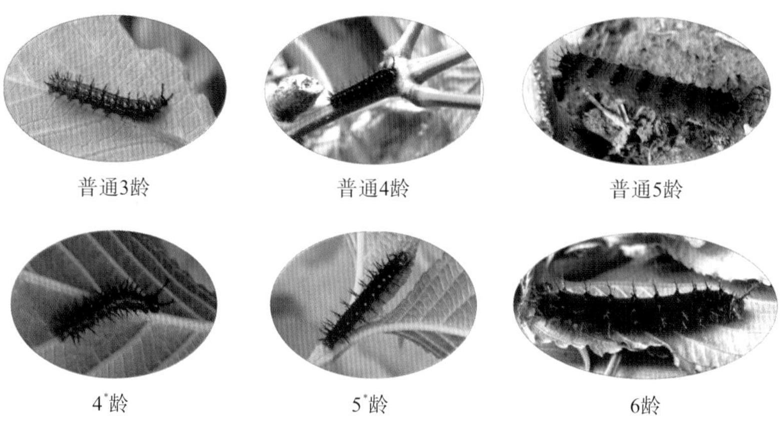

图 2-8　枯叶蛱蝶的 4^*、5^*和 6 龄幼虫和普通 4 龄及 5 龄幼虫的比较

如同其他大多数鳞翅目昆虫的幼虫，枯叶蛱蝶幼虫的头壳宽度随着龄期的增加呈现几何级数增长，而在同一龄期内则保持稳定，故而头壳宽度可用于鉴别幼虫的龄期。

2.2.3　蛹

蛹腹部的最后一节向腹后方突出，突出部的末端有微小的钩状刺，称臀棘。前蛹蜕皮后，蛹即以其臀棘倒挂于丝垫下方，此种类型的蛹称悬蛹(图 2-9)。

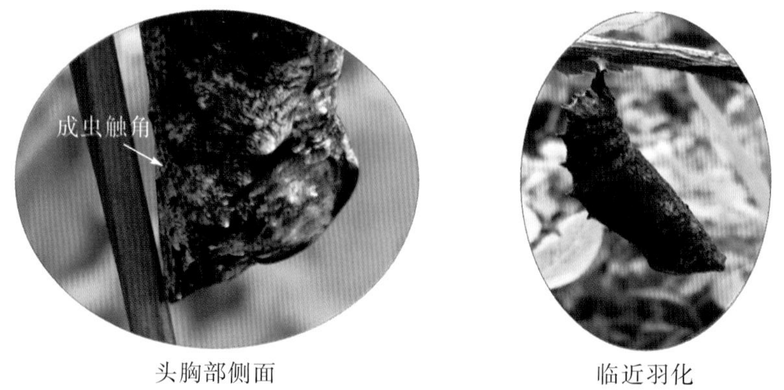

图 2-9　枯叶蛱蝶的蛹

蛹体为蛹壳所包裹，近圆柱形，也分为头部、胸部和腹部 3 个体段。外壳充分硬化后，背面整体呈黄褐色，散布有不规则形状的黑褐色斑，侧面和腹面浅灰色至黑色。头前端浅二分叉，中胸背面突起成脊状，后胸至腹部第 2 节背面凹陷，腹部中央背面隆起，末端急剧缩小，背面多短刺突。雄蛹长 25.67～27.86mm，平均 27.33±1.23mm（n = 21）；腹宽 8.93～9.56mm，平均 9.31±0.45mm（n = 11）。雌蛹长 26.95～28.02mm，平均 27.20±1.18mm（n = 10）；腹宽 9.13～9.81mm，平均 9.37±0.39mm（n = 10）。雌、雄蛹的平均重量分别为 1.39±0.09g 和 1.37±0.08g，二者并无显著差异。

临近羽化，蛹壳腹部节间显著拉伸，内部成虫与蛹壳分离，前翅背面的橙色中斜带已然可见。

2.3　成虫生活史

成虫是枯叶蛱蝶的生殖阶段，其主要生活史特征包括交配前期、产卵前期、产卵期、寿命及生殖休眠等。从成虫羽化到首次交配发生为交配前期，从羽化到首次产卵为产卵前期。产卵期为雌成虫将卵产出的生命期，占据成虫生活史的绝大部分时期。自羽化到成虫死亡为成虫寿命。

由于在野外观察野生枯叶蛱蝶的生活史存在极大的困难，本章资料主要来源于实验种群。这个实验种群生活在峨眉山东麓 2 个模拟野外条件建立的网室内（图 2-10），故被称为“近自然实验种群”。根据对野外幼期虫态及成虫发生期的实地调查结果推断，从该实验种群获得的资料基本能代表野外的实际情形。

枯叶蛱蝶成虫的生活史较为复杂，主要体现在它们的生殖休眠特性上。最近的研究表明，枯叶蛱蝶的生殖休眠属于滞育，即它们根据环境条件的提示决定何时开始生殖，且种群内不同个体对于环境信号的反应存在差异。在近自然实验种群中，8 月上旬以前羽化的绝大多数成虫及羽化于 8 月中旬的部分成虫，羽化后不久即可交配产卵，并在当年完成其生命历程，我们称之为“直接发育成虫”。羽化于 8 月下旬以后的绝大多数成虫及羽化于 8 月中旬的部分成虫，羽化后生殖细胞并不迅速发育成熟，而是在越冬后次年 3 月上/中旬才开始繁殖活动。这类成虫，我们称之为“生殖休眠成虫”。这两类成虫具有截然不同的生活史。本章主要介绍夏季直接发育成虫的交配前期、产卵前期、产卵期和寿命，尤其是雌成虫的相关特征。成虫的生殖休眠特性另在第 5 章中专门介绍。

交配园

产卵园

图 2-10 用于枯叶蛱蝶生活史观察的实验网室

成虫交配园：占地面积约 60m^2，底部圆角矩形，边高 2.0m。顶部为梯面形，中央平坦，高约 3.5m。上部和侧面覆盖孔径为 0.7cm 的渔网，在顶部渔网下方约 15cm 处再以银灰色遮阳网设置一隔离层，防止鸟类捕食成虫。成虫产卵园：底部圆角矩形，长约 11m、宽约 13m，总占地约 140 m²，其余构造与交配园相同

初羽化时，直接发育雌成虫的生殖细胞（卵母细胞）中尚无卵黄沉积。羽化后大约 1 周左右，雌成虫开始发育出成熟卵母细胞，多数个体此时方行交配，但也有少数雌蝶在其羽化后第 3 天即可交配。卵母细胞的发育速率主要与气温有关，而与是否取食或交配无关。雄蝶在羽化初期精子已经成熟，而且离开了精巢储存在储精囊内备用，其在羽化次日即可开始求偶。

2006 年，实验种群第 1 代和第 2 代直接发育雌成虫的平均交配前期分别为 6.30±6.03 天（n = 143）和 5.63±4.32 天（n = 104）。大部分雌蝶在交配次日即可产卵，但也有少数个体会推迟到交配后第 2 天或更晚些时候才开始产卵。未发现在初次交配当天即开始产卵的。在春季，越冬后的雌成虫从首次交配到开始产卵之间的间隔较夏季直接发育雌成虫为长，这主要是由于早春气温较低的缘故。2006 年第

1 代雌成虫的平均产卵前期为 8.03±4.36 天（n = 132），平均产卵期 47.03±7.36 天（n = 91）。实验种群雌成虫平均在其 24.35±6.46 日龄（n = 91）时产下一代总卵量的 50%（图 2-11）。

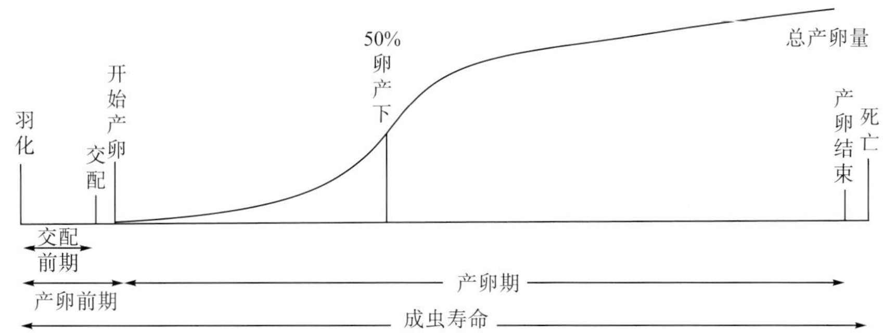

图 2-11　枯叶蛱蝶直接发育雌成虫的生活史示意图（2006 年第 1 代）

（平均交配前期 6.30 天，平均产卵前期 8.03 天，平均产卵期 47.03 天，平均寿命 58.94 天；雌成虫平均在其 24.35 日龄时产下总卵量的 50%）

在排除天敌捕食的情形下（统计时不考虑遭到捕食的个体），2006 年第 1 代直接发育雌成虫的寿命为 45～69 天，平均 58.94±13.35 天（n = 113）。当年第 2 代雌成虫的寿命平均为 36.67±7.22 天（n = 78），寿命缩短可能与夏季高温和频繁的暴风雨有关。若缺乏适宜的产卵寄主或天气不好等原因而令雌成虫得不到适宜的产卵机会，雌蝶寿命会有一定程度的延长。雄蝶的寿命通常较雌蝶略短。

对于秋季羽化、将要越冬的雌成虫，生殖细胞发育在羽化后自发停滞，即便此时的环境温度仍完全适宜成虫活动和生殖细胞发育。生殖细胞发育、交配和产卵都需要等到次年春季气温回升后方能恢复。越冬雌成虫的寿命通常超过 200 天，最长可达 300 天及以上，交配前期可达 250 天。因此，成虫寿命、交配前期、产卵前期与其是否进入生殖休眠存在极大关系。休眠成虫，无论雌雄，寿命均远较非休眠个体长，由于日常活动大为减少，休眠期间翅膀几无严重破损，多数到了春季仍旧保持完好。

成虫自然衰老的主要特征为，翅膀破损、色彩消退，腹部皱缩、失去弹性，飞行和取食活动减少，雌成虫产卵渐少、渐慢。一般雌成虫的自然死亡发生在产卵结束 1～2 天后，此时腹部变得干瘪，基本丧失飞行能力。故枯叶蛱蝶雌成虫没有明显的产卵后期。解剖检查死亡雌成虫腹部，仍可见其体内存在少量成熟及大量未成熟卵母细胞。

2.4 生 命 周 期

从卵被产出体外到发育为成虫开始生殖产下后代卵的过程，即枯叶蛱蝶的一个生命周期(life cycle，又称生活周期)(图 2-12)。这个概念有时与“世代”一词通用，但生命周期既可以是一头雌成虫个体的特征，也可以是一个雌成虫群体的平均值，而世代一词则只能是一个群体的特征。个体从出生到自然死亡的整个生命历程，则被称为个体的寿命。显然，个体寿命要长于一个生命周期，且生命周期主要是针对雌成虫而言。对于雄成虫，由于其不直接繁殖后代，故而在生活史研究中属于次要的角色。另外，一些昆虫学家认为，完整地描述一种昆虫的生命周期，应包含开始产卵、50%卵产出、产卵结束和死亡等至少 4 个节点。为简化起见，本章采用“开始产卵”作为一个生命周期的终点。

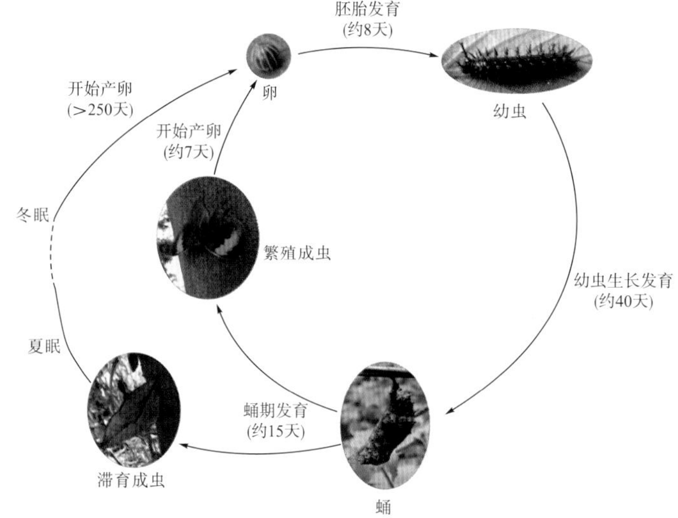

图 2-12 枯叶蛱蝶的生命周期(2006 年第 1 代)

［卵产于 2006 年 4 月 12 日，成虫羽化于 6 月中旬(第 1 代)；个别雌成虫生殖休眠越夏并越冬］

产于 2006 年 4 月 9 日至 12 日的第 1 代实验卵，卵期 7～9 天，平均 8.12±0.33 天(n = 84)。幼虫孵化后在田间盆栽寄主植株上放养至化蛹，幼虫期 40.52±3.33 天(n = 65)，蛹期 14.62±0.88 天(n = 61)。从卵发育至成虫历时 56～66 天，平均 60.26±2.27 天。雌成虫平均交配前期为 6.30±6.03 天(n = 33)，产卵前期为 8.16±0.51 天(n = 32)，完成一个生命周期历时 67.41±5.17 天(n = 32)。在幼虫期，1 龄和 2 龄历期较短，5 龄期最长(表 2-1)。产于 2006 年 7 月 17 日的第 2 代实验卵，卵期 4.20±0.41 天(n = 44)，幼虫期 28.36±3.41 天(n = 32)，蛹期 11.84±0.77 天(n = 30)，

从卵到成虫羽化平均历时 41.84±1.97 天(n = 29)。由于气温的升高，夏季幼期各虫态的发育速率明显加快了。

表 2-1　近自然条件下枯叶蛱蝶各虫期的发育历时(2006 年第 1 和第 2 代)

虫期		第 1 代		第 2 代	
		平均历期/天	样本量/头	平均历期/天	样本量/头
卵		8.12±0.33	84	4.20±0.41	44
幼虫	1 龄	4.51±0.78	75	2.34±0.48	38
	2 龄	4.05±0.66	71	3.06±0.54	36
	3 龄	6.53±1.08	69	3.69±0.53	34
	4 龄	7.24±0.95	68	5.55±0.57	33
	5 龄	15.03±0.96	66	10.71±0.90	33
	前蛹	1.14±0.35	65	1.00	32
	幼虫全期	40.52 ± 3.33	65	28.36 ± 3.41	32
蛹		14.62±0.88	61	11.84±0.77	30
卵–成虫羽化		60.04±2.59	61	41.84 ± 1.97	29
产卵前期		8.16±0.51	32	—*	—
生命周期		67.41±5.17	32	—	—

*，成虫羽化后进入生殖休眠。

在不同年份、同一年内的不同季节，甚至在同一季节中出生的个体，其生命周期存在很大差异。首先，不同季节间环境温度差异很大(有时年际间也是如此)，不同时节出生的个体通常具有不同的幼期发育历期。其次，临近处暑及处暑之后羽化的成虫，能够根据日照时长变短、夜间气温降低而预知冬季恶劣环境即将到来，以此决定进入生殖休眠状态。尽管此时气温仍适宜于生殖细胞发育(气温明显高于早春)，进入生殖休眠的雌成虫却持续停止卵黄的合成，直到次年早春才恢复繁殖活动。这种休眠是一种由脑中枢控制的发育锁定状态，即滞育，将在第 5 章中详述。经历生殖休眠的雌成虫，其生命周期远远长于直接发育的雌成虫。

2.5　年 生 活 史

枯叶蛱蝶在 1 年中，即从早春越冬成虫结束冬眠开始活动到次年出蛰前的生活经历称年生活史或生活年史，主要包括世代、繁殖期、年龄结构的季节变化和休眠期等。年生活史是种群中不同时期出生、具有不同生命周期的个体生活经历共同组成的群体特征。

表2-2　峨眉山枯叶蛱蝶近自然实验种群的年生活史

世代	3月		4月		5月		6月		7月		8月		9月		10月		11月		12月	1月	2月
	上	下	上	下	上	下	上	下	上	下	上	下	上	下	上	下	上	下			
第1代	∘	∘∘	∘∘∘	∘∘∘	∘∘														∘ 卵 ~ 幼虫 ^ 蛹 + 成虫		
		~	~~	~~~	~~~	~~~	~~~	~													
					^	^^^	^^^	^^	^												
						+	++	+++	+++	+++	+++	++	+	+	+	+	+	+	+	+	+
第2代						∘	∘∘∘	∘∘∘	∘∘∘	∘∘∘	∘∘∘	∘∘∘	∘∘	∘							
							~	~~~	~~~	~~~	~~~	~~~	~~~	~~	~						
									^	^^^	^^^	^^^	^^^	^^^	^^^	^^	^				
										++	++++	++++	++++	+++	+++	+++	+++	+++	+++	+++	+++
第3代										∘∘	∘∘	∘∘	∘∘	∘∘	∘						
										~	~~	~~	~~	~~	~~	~~	~	~			
												^	^^	^^	^^	^^	^	^			
												+	++	++	++	++	++	++	++	++	++
局部世代														∘	∘						
														~	~	~	~	~	~	~	~
																^	^	^			

资料来源：2006~2007年，从各代雌成虫产卵开始，每3日为一期，抽取每期卵50粒在田间生活史观察室保育。幼虫孵化后群体饲养，每3日调查一次发育进程。

峨眉山枯叶蛱蝶属于多化性昆虫，即一年内发生多个世代。越冬成虫产下的卵为第 1 代卵，第 1 代卵发育至成虫后产下的后代为第 2 代，以此类推。通常，第 3 代成虫全部进入生殖休眠，但偶有极少数个体当年生殖，产下少量第 4 代卵。这些第 4 代卵无法在严冬来临前发育至蛹期，大多在幼虫期死亡，故这个偶尔发生的第 4 代被称局部世代。

依年份不同，越冬成虫于 2 月中旬或下旬开始取食和求偶活动，3 月上/中旬(惊蛰前后)开始交配，大部分至 3 月底均完成初次交配，少数个体的首次交配可延迟至 4 月上旬(表 2-3)。

表 2-3　枯叶蛱蝶越冬雌成虫的初次交配日期

年份	雌成虫数/头	3 月上	3 月中	3 月下	4 月上
2006	60	26	15	19	0
2007	50	0	19	25	6

越冬雌成虫产卵始于 3 月上/中旬，至 5 月上/中旬结束，产卵期历时约 2 个月，产卵高峰期在 4 月上旬至中旬。2006 年 4 月天气状况较为稳定，雌成虫产卵集中于 4 月上旬至 4 月下旬，产卵高峰期在 4 月中旬。2007 年 4 月上旬出现的连续低温阴雨天气，也影响了雌成虫产卵的连续性，产卵高峰期延迟到 4 月下旬。春季低温也对卵母细胞的发育产生影响，尽管雌成虫产卵期略有延长(图 2-13)。春季成虫的繁殖期与寄主的物候期基本吻合。2 月下旬，主要寄主植物球花马蓝(*Strobilanthes dimorphotricha*)开始萌动，至 3 月上旬，已发出新叶 1 对。这种嫩叶适于初龄幼虫取食。第 1 代幼虫出现于 3 月下旬至 6 月中旬，蛹出现于 5 月上旬至 7 月上旬，成虫羽化于 5 月下旬至 7 月中旬，大部分个体直接繁殖产下第 2 代卵，少部分进入生殖滞育，越夏、越冬至次年春季繁殖。

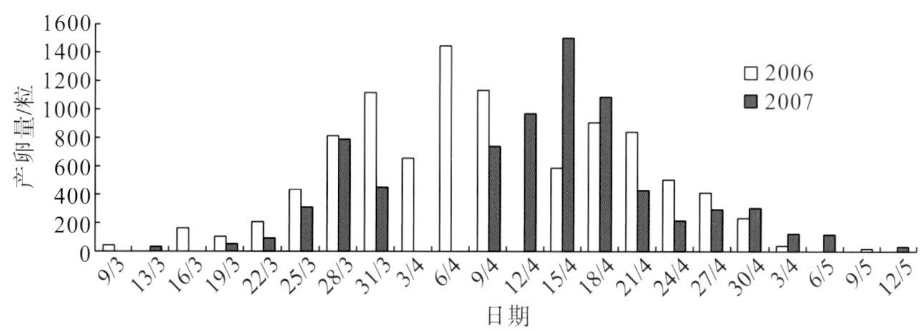

图 2-13　2006 年和 2007 年春季枯叶蛱蝶越冬雌成虫各期产卵量分布

第 1 代雌成虫于 5 月下旬/6 月上旬开始产下第 2 代卵，产卵高峰期为 6 月中旬至 7 月中旬(图 2-14)，产卵期可持续至 9 月上旬，导致第 2 代幼虫的发生期从 6 月上旬持续至 10 月中旬，蛹期则从 7 月上旬持续至 10 月下旬。第 2 代成虫羽化于 7 月中旬至 11 月中旬，其中大部分 8 月中旬前羽化的雌成虫当年繁殖，产下第 3 代卵。8 月中旬后羽化的第 2 代雌成虫则大部分进入生殖休眠，越冬后次年春季繁殖。

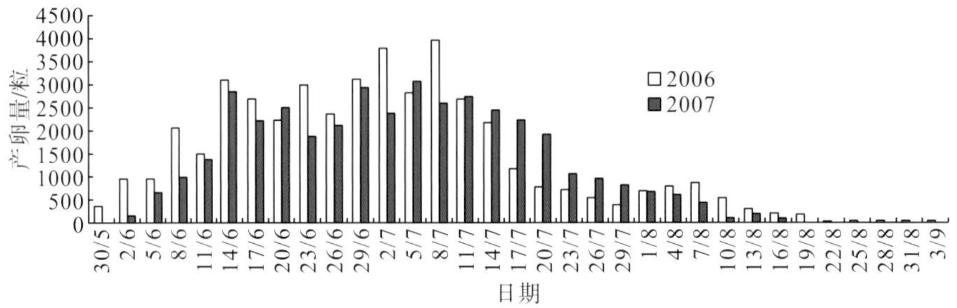

图 2-14　2006 年和 2007 年夏季枯叶蛱蝶第 1 代雌成虫各期产卵量分布

第2代雌成虫中的未休眠个体于7月下旬至10月上旬产下第3代卵(图2-15)。第 3 代幼虫的发生期为 7 月下旬至 11 月下旬，蛹期 8 月中旬至 11 月下旬。成虫于 8 月下旬开始羽化，可一直持续到 11 月下旬。随着秋季气温的降低，后期的第 3 代蛹不能发育到成虫，在 12 月上旬开始陆续死亡。几乎所有第 3 代成虫进入生殖休眠越冬。极个别的第 3 代雌成虫当年繁殖，在 9 月中旬至 10 月上旬产下第 4 代卵，产生一个数量极低的局部世代。该代的部分卵甚至能发育至蛹期，但不能羽化为成虫。

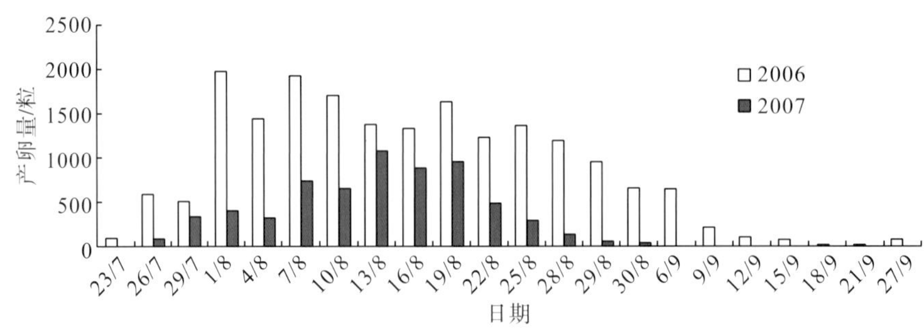

图 2-15　2006 年和 2007 年枯叶蛱蝶第 2 代雌成虫各期产卵量

一年中，实验种群的年龄组配随着季节而变化。卵有 3 个高峰期，分别出现于 4 月中旬(第 1 代卵)、6 月中旬至 7 月中旬(第 2 代卵)和 8 月中下旬(第 2 代+第 3 代卵)。幼虫发生期从 3 月下旬一直持续至 12 月下旬，部分年份甚至有极少数幼虫存活至次年 1 月下旬。

第 1 代成虫最早羽化于 5 月下旬，在 6 月至 7 月下旬达到一个较为稳定的数量水平。随着第 2 代成虫在 7 月中旬开始羽化，成虫在种群中的比例急剧上升，在 8 月下旬至 9 月上旬达到全年的成虫发生高峰期。9 月上旬至 10 月上旬，第 2 代繁殖雌成虫逐渐死亡，种群中的成虫占比开始下降，但由于第 3 代成虫在 8 月下旬开始羽化，种群内的成虫总量仍然维持在一个很高水平。第 3 代成虫基本全部进入生殖滞育，成虫在种群中的占比在 10 月中旬开始回升，至 11 月下旬达到与 8 月下旬相近水平。12 月中旬至次年 2 月下旬，种群中基本全部为成虫。

2.6　性比和生殖力

在近自然实验种群中，枯叶蛱蝶各代成虫的性比均接近 1∶1。单头雌成虫的产卵量超过 300 粒，卵的孵化率约 90%。因而，枯叶蛱蝶具有较高的繁殖力。雌成虫的产卵量受到天气和天敌捕食的影响，不同季节存在较大差异(表 2-4)。

表 2-4　2006 年和 2007 年枯叶蛱蝶各代雌成虫的平均单雌产卵量

	越冬雌成虫		第 1 代		第 2 代	
	单雌产卵量/(粒/雌)	样本量/头	单雌产卵量/(粒/雌)	样本量/头	单雌产卵量/(粒/雌)	样本量/头
2006 年	481.40	20	457.81	98	335.9	57
2007 年	378.55	20	437.44	91	305.86	21
平均	429.98	20	447.63	94.5	320.88	39

2006 年春季，20 头越冬雌成虫样本累计产卵 9628 粒，平均每雌产下 481.40 粒。在 20 头样本中，仅 3 头在产卵后期遭捕食死亡，其余均为生理死亡。2007 年春，越冬雌成虫平均单雌产卵量为 378.55 粒。影响越冬雌成虫产卵的主要因素为春季的连续阴雨低温天气。2006 年夏，第 1 代雌成虫的平均产卵量为 457.81 粒/雌，2007 年第 1 代雌成虫的平均产卵量为 437.44 粒/雌。在夏季和初秋，气温基本都能满足雌成虫产卵活动的需要，产卵活动较为连续。夏季雨天持续时间较短，雨前和雨后，雌成虫往往都能正常进行产卵活动。在夏季降低雌成虫产卵量的主要因素是蜘蛛、螳螂等大型天敌。

2006 年第 2 代雌成虫的产卵期持续至 9 月 29 日。根据对 57 头雌成虫的观测结果，每雌平均产卵 335.9 粒，显著低于越冬代和夏季第 1 代雌成虫。2007 年，根据对 21 头雌成虫的观测结果，每雌平均产卵量为 305.86 粒，与 2006 年基本一致。第 2 代雌成虫的产卵早期，高温干旱天气对产卵活动的影响很大，而在其产卵的中后期(8 月下旬后)，常又遭遇秋季连阴雨天气。在这两个因素影响下，第 3 代雌成虫的生殖力显著下降。

第3章　幼 期 生 态

在枯叶蛱蝶的幼期虫态中，卵是完全静止的，而蛹期则基本处于静止状态，这两个虫期均不能自主发生位置移动。前者的位置由亲代雌成虫产卵时决定，而后者的位置则是老熟幼虫的选择。它们都只能被动地等待内部发育的完成。与此相反，幼虫则是完全自由活动的。它们需要找到食物并大量摄食，以生长至足够的大小并为未来成虫的生殖积累营养物质。卵期的天敌主要为蚂蚁、螽斯和寄生蜂，幼虫天敌主要有蜘蛛、螽斯、胡蜂、土蜂、蟾蜍和蛙类，蛹期的主要天敌为啮齿类动物。在野外，整个幼期虫态的存活率仅约 1%。

3.1　幼虫的生活习性

3.1.1　寄主植物

寄主植物(host plant)是指枯叶蛱蝶幼虫取食的植物。在峨眉山区，枯叶蛱蝶的野生寄主植物主要有 3 种，即球花马蓝(*Strobilanthes dimorphotricha*)、乐山马蓝(*Strobilanthes wilsonii*)和日本黄猄草(*Championclla japonica*)(图 3 1)。这其中又以球花马蓝的数量最大、分布最广。3 种已知寄主植物均属于爵床科(Acanthaceae)爵床亚科(Ruellioideae)芦莉花族(Ruellieae)马蓝亚族(Strobilanthinae)多年生草本植物。若还有其他未被发现的当地寄主植物，其应当也是爵床科种类，因为迄今为止枯叶蛱蝶属(*Kallima*)所有种类在各地的确认寄主植物均为爵床科植物。这种仅取食 1 个科植物的幼虫习性被称为寡食性(oligophagy)。

A

B

C

图 3-1　峨眉山枯叶蛱蝶的主要野生寄主植物

A. 球花马蓝；B. 乐山马蓝；C. 日本黄猄草

1. 球花马蓝

爵床科紫云菜属(*Strobilanthes*)，又名圆苞金足草。多年生灌木状草本，多数茎干近直立、高可达 1 米及以上，近梢部略作“之”字形曲折。叶片椭圆形、椭圆状披针形，先端长渐尖，基部楔形渐狭，边缘有锯齿或柔软胼胝狭锯齿，两面有不明显的钟乳体，无毛，上面暗绿色，被白色伏贴的微柔毛，背面微紫色，尤以老叶明显；叶片对生，部分对生叶两侧的叶片不等大(一大一小)；侧脉 5～6 对，有近平行小脉相连。大叶长 4～20cm，宽 1.5～8cm，叶柄长约 1.2cm，小叶长 1.3～2.5cm。花序头状，近球形，为苞片所包覆，1～3 个生于一总花梗，每头具 2～3 朵花；苞片近圆形或卵状椭圆形，外部的长 1.2～1.5cm，先短渐尖，无毛。花冠紫红色，长约 4cm，稍弯曲。蒴果长圆状棒形，长 1.4～1.8cm，有腺毛。种子 4 粒，有毛。

球花马蓝喜荫湿，怕日灼和霜冻，多生长于低海拔山沟河谷地带，而以半荫、富含腐殖质、不积水的林缘最多，长势最好，叶大而色浓绿。生长在贫瘠土壤中或暴露在日光下时，植株矮小、叶片黄绿。在中国广泛分布于西南、华南至台湾等地。在峨眉山区，球花马蓝同时也是美眼蛱蝶(*Junonia almana*)的寄主植物。

本种植物在峨眉山区似有两种株型，一种叶片颜色暗绿，节间较短，该型较为常见；另一种叶色黄绿，节间较长，较为少见。这两种株型是否为同一种植物，尚需进一步考证。在近年来的部分文献中，有研究者将该种植物错误鉴定为板蓝(*Baphicacanthus cusia*)。另需说明的是，《中国植物志》(2004 版)将该种并入圆苞金足草(*Goldfussia pentstemonoides*)，但并未被诸多植物分类学者接受。本书按《中国高等植物图鉴》(第四册)及《中国植物志》2011 年英文修订版，采用现名。

2. 乐山马蓝

爵床科紫云菜属高约 0.3m 的小草本，茎光滑，有沟槽，叶片窄椭圆形至倒卵形，长 1.5～3.0cm，宽 1～1.5cm，表面光洁，近叶柄部位有稀疏腺毛。花枝对生，花腋生或顶生、白色。常成片生长荫湿竹林或天然阔叶下。

3. 日本黄猄草

爵床科黄猄草属(*Championella*)，又称日本马蓝，峨眉山区当地人称“湿泽兰”。直立草本，茎草质，多分枝。幼嫩茎 4 棱，紫红色，成熟茎圆柱形，纤细，节膨大。叶对生，叶片卵状椭圆形或披针形，长 2～5cm，宽 0.8～1.8cm，顶端长渐尖，基部楔形或宽楔形，边缘具圆齿，表面光滑无毛。穗状花序顶生，多花交互对生于苞腋，光滑无毛。花冠钟形，淡紫色至白色，外面被微毛，长 1.5cm。

农家庭院常有栽培，叶可入药。

在实验网室内，雌成虫产卵对于上述 3 种寄主植物并无明显的偏好性。在野外，在 3 种植物上也均能发现枯叶蛱蝶的卵和幼虫。大多数野外卵和幼虫被发现于球花马蓝上，主要原因或许在于该种在野外的分布范围和数量均远超其他两种。无论是摘叶饲喂，或是任由幼虫自由选择，各龄幼虫对 3 种植物也未表现出明显的偏好性，取食不同种类植物后的发育速率和蛹重之间也不存在显著差异。

在其他地区，文献记载的枯叶蛱蝶寄主植物也大多为爵床科中的种类，但也有文献中将蓼科(Polygonaceae)蓼属(*Polygonum*)、薯蓣科(Dioscoreaceae)薯蓣属(*Dioscorea*)、荨麻科(Urticaceae)蝎子草属(*Girardinia*)，甚至蔷薇科(Rosaceae)李属(*Prunus*)等也作为枯叶蛱蝶的寄主植物，以此指出枯叶蛱蝶为多食性昆虫。至少在峨眉山地区，这些爵床科以外的植物均已被证实既非当地枯叶蛱蝶的野生寄主植物，在实验室条件下也不被任意龄期的幼虫接受。

3.1.2　孵化

胚胎发育末期，幼虫的全部形态在卵壳内发育完成，即以其上颚咬破卵壳而出，这个过程称为孵化(hatching)(图 3-2)。孵化通常在白天进行，最早始于黎明时分，大多发生在上午，也有少数个体的孵化延迟至黄昏。孵化时间与孵化前日的气温有关。若前日遇阴雨低温天气，次日孵化时间延后；反之，孵化时间较早。

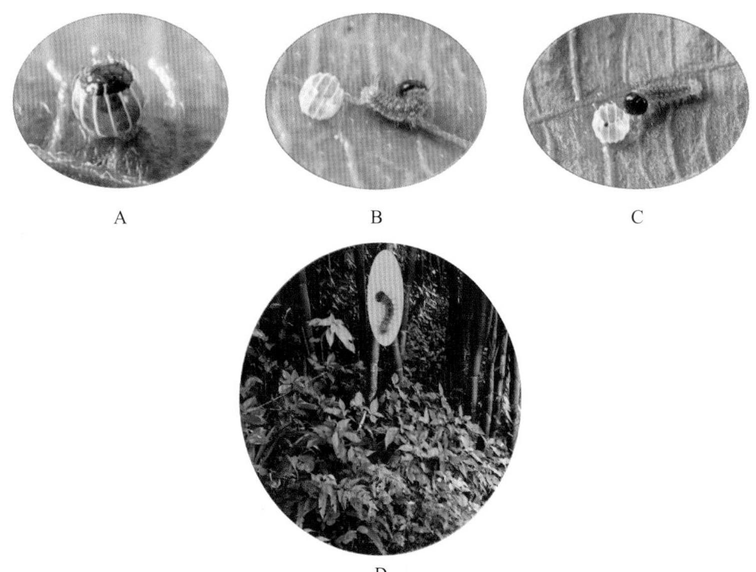

图 3-2　枯叶蛱蝶卵的孵化过程

A. 幼虫咬开卵壳顶部；B. 初孵幼虫停息在卵壳附近；C. 初孵幼虫取食卵壳；D. 幼虫从高处吐丝降落

初孵化时，幼虫的外表皮尚未完全形成，故而体色较浅。随着外表皮的形成，幼虫体壁变硬，颜色加深。同时，幼虫吞吸空气以伸展体壁，很快便比其原先所在的卵大了许多。

幼虫孵化时通常以口器咬破卵壳顶部爬出，但若卵壳顶部为杂物所覆盖，幼虫也可咬破侧面的卵壳爬出。幼虫从卵壳内出来后，常抬起头部，左右张望，先在卵壳附近停留十来分钟至数十分钟(最长可达 76 分钟之久)，然后开始取食卵壳。但也有少数幼虫孵化后便立即开始取食卵壳。还有极少数的幼虫并不取食卵壳，显示卵壳物质并非初孵幼虫存活所必须。小幼虫取食卵壳的速率极低，需分 3～5 次才能将卵壳取食完毕，两次取食间隔 7～20 分钟。在取食的间隙，幼虫停歇在卵壳附近，最远距离卵壳不超过 3cm。大多数幼虫最终会将卵壳取食殆尽，仅剩下被雌成虫产卵时分泌的胶液黏结在物体表面的卵壳底部。

通常情况下，雌成虫产卵时会将大多数的卵产在寄主植物附近较高位置的树叶、树枝、树干或几乎任意其他杂物上。这些不在寄主植物上的卵孵化后，绝大多数幼虫会分泌一根细丝黏附在卵所在物体的表面，然后沿丝线的另一端继续吐丝往下降落(图 3-2)。即便从相同高度向下降落，不同幼虫分泌的丝线长度也因个体而异。有的仅分泌数厘米长的丝线，幼虫稍作沿丝降落后即脱离丝线从高空掉落；另一些幼虫则分泌出很长的丝线，幼虫沿丝线直接到达下方的地面或寄主植物叶片上。幼虫的下落速率也有很大的差异。有的幼虫从开始泌丝降落到抵达寄主叶片或地面只需 10 余秒，而另一些幼虫的下落过程则十分缓慢，整个下落过程可耗时 1 个小时以上。还有一些幼虫，它们孵化后并不急于往下降落，而是长时间停留在卵所在位置附近或在四周漫游，直到数十分钟甚至更久后方开始降落，但降落位置通常已经远离下方的寄主植物。更有极少数的幼虫，根本就不往下降落，而是在高处四周爬行，最终迷失方向。

幼虫自高处降落后最终抵达的下方位置，主要受到气流和中间隔离物的影响。有的幼虫可以直接降落到寄主植物叶片上，有的则掉落到寄主植物附近的地面，另有一些则被气流带到远离寄主植物的位置或在下落过程中被蛛网黏住。即便是极微弱的气流，也能使丝线上的幼虫严重偏离其下方的寄主植物。一般来说，卵所在的位置越高，幼虫因气流作用而偏离寄主的可能性就越大。林内的蛛网对于下落幼虫的威胁极大，幼虫一旦被黏着便很难脱身。若幼虫在降落过程中被蛛网以外的其他物体挡住，它们一般会在这些中间物体上停留一段时间，然后部分幼虫继续吐丝下落，另一些幼虫则在中间物体上爬行。那些不继续下落的幼虫最终因未能及时找到食料植物而丧生。

幼虫到达下方寄主植物后，立即爬向叶片边缘，转到叶片下方，多数时候会停息在叶背的叶脉上，头部朝着叶柄方向。那些从高处下落到远离寄主植物位置的幼虫对寄主的搜索能力似乎并不强，更像是“碰巧”找到寄主植物。因而，野外寄主植物的大面积成片分布对于初孵幼虫的存活至关重要。

3.1.3　取食和停息

幼虫取食寄主植物的叶片和嫩芽，取食活动主要发生在早晨、傍晚和夜间，尤以傍晚时分取食量最大，尽管有时下午也取食。1～2 龄期幼虫偏好取食枝条顶部或侧芽的嫩叶，随着龄期增长逐渐转移至较为成熟的新叶上取食。到了 4～5 龄期，幼虫更喜食成熟叶片。在野外，幼虫通常不会将一根枝条上的叶片取食一光，而是在将一根枝条上的叶片食尽前即转移至其他枝条上取食。

1～3 龄期幼虫的食量很低，4 龄期明显增大，而末龄(通常为 5 龄)幼虫则食量剧增，身体迅速长大。据杨萍等(2005)的观察(其实验中所用枯叶蛱蝶的种源来自峨眉山)，1～5 龄期幼虫分别取食 74.78m^2、263.67m^2、1448.44m^2、8205.33m^{2}和 60700.33mm^{2}的叶片，一头幼虫在其整个生长期中的食叶总量为 70692.55mm^2，而末龄期摄入的叶片占到整个幼虫期摄入量的 85.87%。

幼虫不取食时，通常停息在相对阴暗的场所，也即具有一定的避光性。1～3 龄幼虫多分散停息在枝条顶部或侧芽幼嫩叶片背面的叶脉上(图 3-3)，大多数幼虫均头部朝向叶柄方向。在野外，幼虫的密度极低，在任意寄主植株上发现的幼虫也不超过 1 头。在实验条件下，幼虫的停息密度可以达到 1 叶 5 虫的程度。少数幼虫会将其栖息叶片叶柄处的维管束咬断，使叶片萎蔫，这种行为可能对捕食性天敌具有一定的欺骗作用，或许也可减轻暴雨对幼虫的冲刷。

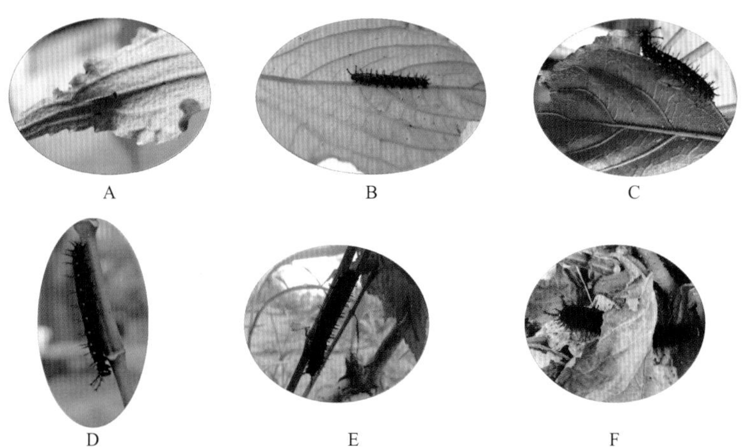

图 3-3　枯叶蛱蝶幼虫不取食期间的停息和取食

A. 1 龄幼虫停息在叶片背面靠近叶尖部的中脉上；B. 3 龄幼虫停息在叶片背面的中脉上；C. 4 龄幼虫取食；D. 4 龄幼虫停息在寄主植物枝干上；E. 5 龄幼虫停息在寄主植物茎杆下部；F. 转移到寄主植株下方地面上停息的 5 龄幼虫

4 龄幼虫不取食时通常会离开寄主叶片，转而停息至寄主枝干的中下部或植株基部的地面，但从不远离寄主植物。末龄幼虫大多停息到寄主植物基部的地面上，尽管有时也会停留在靠近地面的茎秆上。

3.1.4 蜕皮

幼虫经过一段时间的生长后，虫体增长受到了旧表皮的限制，需要脱去旧表皮而形成新表皮，这一过程称为蜕皮(moult)(图 3-4)。每次蜕皮后、新体壁硬化前，虫体都有一个快速长大的过程。但随着体壁的硬化，虫体生长速率又逐渐下降，到下一次蜕皮前生长又接近停止。在正常食料条件下，枯叶蛱蝶幼虫化蛹前经历 5 次蜕皮，第 5 次蜕皮后变成蛹。

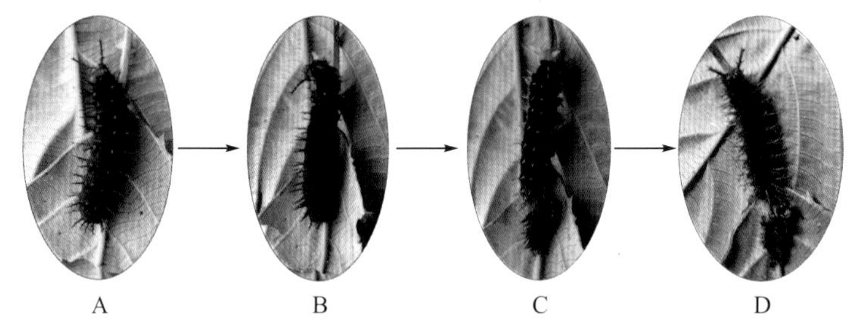

图 3-4 4 龄幼虫的蜕皮过程

A. 即将蜕皮前；B. 蜕皮过程中；C. 初蜕皮；D. 蜕皮 30 分钟后

在高温干燥引起食物失水或食料短缺的情况下，部分个体增加 1 次蜕皮，即此时的幼虫具有 6 个龄期。但在野外，枯叶蛱蝶的寄主植物大多生活在荫凉、潮湿的林下和溪沟边，成虫也主要在这些地带产卵。峨眉山区的年降水量在 1500mm 左右，即使发生中度的干旱，寄主也极少萎蔫失水。据此推断，野外幼虫大概都为 5 龄。

蜕皮期间，幼虫停止取食，通常也不会移动位置，故这段时间又被称为幼虫的眠期。幼虫进入眠期后，体色变浅，虫体尤其是各体节之间的部位明显膨胀，头部几乎整体移位到胸部的腹面，前胸背面向下翻、拉伸，完全以前胸背板覆盖了原头部的位置。蜕皮时，幼虫凭借内部体液的压力，将旧表皮裂开。随后，旧头壳最先脱离虫体，接着依次是胸部和腹部与旧表皮脱离。蜕皮后不久，幼虫便转身将刚脱下的旧表皮吃掉，仅余下头壳。刚脱离旧表皮的虫体，新表皮尚未完全形成，颜色较浅，体表的刚毛和枝刺也未充分伸展，需要继续静伏数小时后体壁方能完全硬化，然后开始取食叶片。蜕皮期间的静伏可占到一个龄期的很大一部分时间，尤其是在较低温度条件下。

3.1.5　化蛹

末龄幼虫经过大量取食、生长到遗传决定的体型大小后，便停止取食，此时的幼虫称老熟幼虫(mature larva)。老熟幼虫通常会离开其取食的寄主植物，另行寻找到一个相对阴暗、隐蔽的空旷空间，在植物基部根茎、枯枝、石块或是任意其他物体(但不包括绿叶)的下面分泌形成一小块丝垫，以其臀足(第 10 腹节上的腹足)上的趾钩附着在丝垫下方，头朝下倒吊起来，身体显著缩短、体壁变厚，体色变淡，形成钩状的前蛹(图 3-5)。在形成前蛹的初期，内部进行着剧烈的组织器官变化，幼虫器官离解，成虫器官迅速形成。伴随着体内构造改变，幼虫的表皮与迅速形成的蛹体逐渐分离，成虫的翅、附肢等器官翻出体外。此时的前蛹，实际上已成为包裹着幼虫表皮的蛹。随着包裹在幼虫表皮内的蛹体不断伸缩，幼虫表皮沿胸部背中线裂开，旧皮层被迅速推至腹部末端，蛹体完全暴露出来。此时的蛹又称为“真蛹”。幼虫的这最后一次蜕皮，被称为“变态蜕皮”。通常情况下，从前蛹期开始至真蛹形成需要大约 1 天时间，晚秋低温天气下前蛹期持续的时间更长。

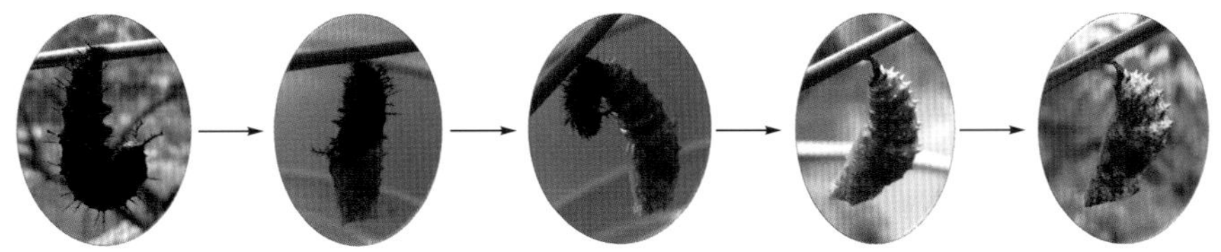

图 3-5　枯叶蛱蝶老熟幼虫的化蛹过程

新化蛹的外壳极为柔嫩，轻触即破。蛹的臀棘与丝垫之间的附着也不是十分牢固，很容易受外力作用而脱落，重则造成蛹壳破损、体液流出而致蛹死亡，轻则形成畸形蛹。即便只是轻度的畸形也会影响成虫的正常羽化。

3.1.6　防卫

枯叶蛱蝶的幼虫似乎是美味的猎物，常遭到蜘蛛、胡蜂、蝽象、两栖类及其他捕食者的袭击。幼虫自身也具有一定的自卫机能，推测主要表现在以下 3 个方面。

1. 静息

幼虫在取食时十分警觉，在感受到威胁时迅速停止取食活动。不取食时，幼虫多静伏在停栖位置，即便受到轻微惊扰，也不会爬离。有文献报道说，枯叶蛱蝶的幼虫具有假死习性，遇到惊扰会掉落地面装死。本书作者未曾观察到类似现象。

2. 隐藏

不取食时，1～3 龄幼虫多停息在叶片背面，有利于躲避捕食者的视线。而沿着叶脉停息，或有助于将虫体与叶脉融为一体，避免被在叶片下方觅食的捕食者识别出。随着体型增大，4 龄后幼虫大多转移到地面或靠近地面的茎杆基部栖息。由于寄主植物枝叶繁茂，这种行为也可减少被捕食者发现的机会。

3. 物理防卫

自 2 龄开始，虫体表面密布尖利枝刺，头部上方长出 1 对分枝的头角，尤以末龄期的枝刺令人生畏。这种枝刺对一些小型捕食者应该具有某种威慑作用，或者至少令它们的捕食过程变得困难，但对于诸如蟾蜍这类大型捕食者的猎食行为则几乎不产生影响。幼虫体表着生枝刺的瘤常呈黄色，枝刺本身为黑色或暗褐色，可能对某些小型天敌起到一定的警示作用。头角显然也是幼虫的一种防卫性构造，遭遇天敌或同类个体的袭扰时，幼虫通常会摆动头角予以驱离。

3.2 温度对幼期虫态发育及存活的影响

在一定范围内，幼期虫态的发育速率随着温度升高而加快，各虫态的历期缩短(表 3-1)。例如，在恒定温度条件下，幼虫历期从 18.4℃时的 44.17 天缩短至 29.2℃时的 19.64 天。在较低温度条件下，幼虫的存活率较高，且低温下发育的成虫较高温下发育的个体略大。最适宜枯叶蛱蝶幼期虫态发育的温度范围为 20～25℃。超过 30℃时，幼虫死亡率迅速上升，低于 15℃时，幼虫发育基本停止。

表 3-1 不同温度条件下枯叶蛱蝶幼期虫态的发育历期

虫期	发育历期/天			
	18.4℃	21.7℃	26.9℃	29.2℃
卵	6.31±0.56	4.15±0.36	2.37±0.49	2.14±0.36
1 龄幼虫	6.74±0.93	4.39±0.50	2.74±0.64	2.49±0.56
2 龄幼虫	7.48±1.96	4.58±0.56	3.26±0.64	3.03±0.52
3 龄幼虫	7.28±1.53	5.33±0.61	3.33±0.66	3.09±0.38
4 龄幼虫	8.42±1.73	5.33±0.61	4.34±0.53	3.88±0.71
5 龄幼虫	14.65±2.49	9.97±0.72	7.65±0.68	7.19±0.70
幼虫全期	44.17±5.92	28.9±1.32	21.27±1.64	19.64±1.28
蛹	23.37±1.5	16.6±0.67	10.9±0.76	10.15±0.53

3.3 光周期对幼虫和蛹生长发育及存活的影响

易传辉等报道，在人工气候箱内 20℃恒温条件下，光周期对枯叶蛱蝶幼虫和蛹的发育历期影响明显，而在 25℃和 30℃时却无明显影响。在温度均为 20℃时，7 个不同光周期条件(24 小时循环光周期，光照期时长 12～15 小时)下，1～5 龄幼虫的发育历期分别为 4.1～5.2 天、4.8～6.6 天、4.8～7.0 天、6.3～8.3 天和 11.2～13.8 天，蛹的发育历期为 19.5～24.4 天。不同龄期幼虫对光周期的反应存在差异。幼虫期经历的光周期条件影响蛹期发育速率，不同光周期下蛹的发育历期相差 4.9 天。在 12～13 小时光照范围内，随着光照时间的延长，蛹的发育历期缩短；而在 13～14.5 小时光照范围内，随着光照的延长，蛹的发育历期增加。光周期对幼虫和蛹的存活率也有一定影响，但其影响依虫期而异。例如，光周期对 1 龄幼虫、3 龄幼虫和前蛹的存活没有影响，对 2 龄和 4 龄幼虫的影响也很小，但 5 龄幼虫在 15 小时光照时的存活率仅 64%。随着饲育温度升高，不同光周期下的幼虫存活率差异加大。

3.4 食料因子对幼虫发育的影响

食料是幼虫赖以生长发育的主要资源。末龄幼虫期食料的不足会造成幼虫提前化蛹，发育出体型较小、生殖力较低的成虫。食料条件对幼虫发育的另一个重要影响，是不良食料条件增加幼虫的蜕皮次数，延长幼虫发育历期。

无论采叶单虫饲养或以盆栽寄主单虫放养幼虫，2006 年春季第 1 代幼虫群体中绝大多数个体均为五龄，但两种条件下均出现有 6 个龄期的个体。在采叶饲养组中，共有 79 头幼虫完成第三次蜕皮(进入第 4 龄期)，其中有 8 头幼虫发育为 6 龄虫，占全部完成第三次蜕皮幼虫的 10.13%。而在盆栽放养组中，共有 68 头幼虫进入第 4 个龄期，其中仅 1 头发育为 6 龄虫。6 龄幼虫的比例在采叶饲养和盆栽放养组之间差异明显，显示幼虫的龄数增加与饲育条件有关。在采叶饲育的第 2 代幼虫群体中，6 龄幼虫的比例为 44.33%，而在采叶饲育的第 3 代幼虫中，6 龄幼虫的比例占全部进入第 4 龄幼虫的 44.00%。二者均显著高于第 1 代采叶饲育幼虫中的 6 龄个体比例，显示夏秋季的高温可能在幼虫龄期的增加中起着重要作用。

以采摘的寄主枝叶在不同温湿度组合条件[温度为 18℃(±1℃)、22℃(±1℃)、26℃(±1℃)和 30℃(±1℃)；相对湿度为 80%(± 10%)和 40%(± 10%)，光照强度和光照周期分别恒定为 2400lux 和 12∶12(L∶D)]的人工气候箱内饲养 2006 年 3

个世代的幼虫，在 80%湿度条件下，仅在 18℃和 26℃两个温度下各出现 1 头 6 龄幼虫，其余幼虫均为 5 龄。在 2 头 6 龄幼虫中，一头出现于 26℃条件下饲养的第 2 代幼虫中，化蛹后正常羽化；另一头出现在 18℃条件下饲养的第 3 代幼虫中，第三次蜕皮后发育迟缓，最后死亡。实验结果表明，在高湿度条件下，绝大多数幼虫为 5 龄，6 龄幼虫的出现与温度并无直接相关。在 40%湿度时，26℃和 30℃温度条件下，均有超过 75%的幼虫具有 6 个龄期，22℃和 18℃条件下则分别有 50.50%和 30.67%的幼虫具有 6 个龄期。若将幼虫自孵化后即放养在置于气候箱内的盆栽寄主植物上，即便在 40%湿度下，也仅在 26℃条件下发现有约 3%的幼虫增加蜕皮次数，其他任意温湿度组合条件下均未发现有 6 龄幼虫。

以上实验结果表明，温度和湿度并非引起幼虫龄期增加的直接因素。无论环境温湿度高低，只要幼虫取食含水量充足的叶片，绝大多数个体均只有 5 个龄期，而一旦食料叶片因高温和/或干燥失水，幼虫取食后会增加一次蜕皮。食料叶片的含水量是决定幼虫龄数的直接因素。

杨平世等(1990)在 25(±1)℃、80%～85%RH、12∶12(L∶D)的人工气候箱内，以采摘的台湾马蓝(*Goldfussia formosana*)的叶片饲养幼虫。共观察了 32 头进入第 4 个龄期的幼虫，发现所有幼虫均经历 6 个龄期。由此看来，峨眉山枯叶蛱蝶种群与台湾种群之间，存在基本生物学特征上的重大差异。

3.5 幼 期 天 敌

枯叶蛱蝶的幼期虫态主要遭受捕食性天敌的危害(图 3-6)，寄生性天敌的危害主要发生在卵期，未曾在野外发现因罹病而死亡的幼虫或蛹。

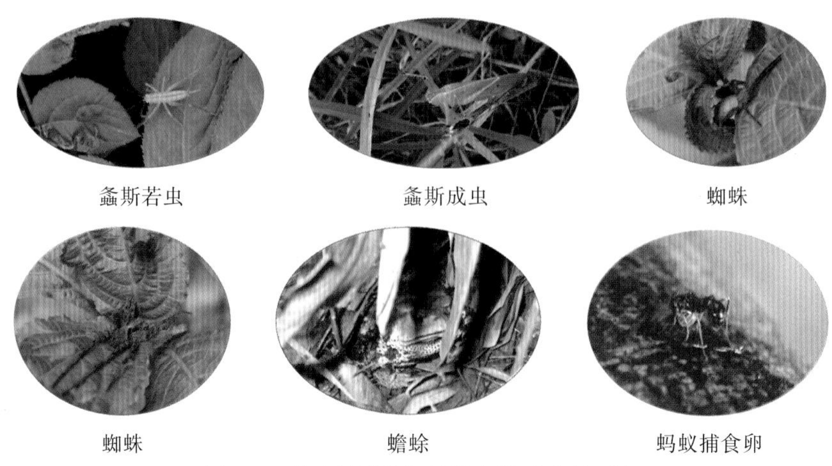

螽斯若虫　螽斯成虫　蜘蛛

蜘蛛　蟾蜍　蚂蚁捕食卵

图 3-6 枯叶蛱蝶幼期的捕食性天敌(部分)

3.5.1 卵期天敌

捕食枯叶蛱蝶卵的天敌主要为多种蚂蚁［膜翅目（Hymenoptera）：蚁科（Formicidae）］和螽斯［直翅目（Orthoptera）：螽斯总科（Tettigonioidea）］，寄生卵的天敌主要为赤眼蜂科（Trichogrammatidae）（膜翅目）和缘腹细蜂科（Scelionidae）（膜翅目）的种类，其中又以赤眼蜂（*Trichogramma* sp.）为主。赤眼蜂寄生约占卵总寄生率的 90%。该蜂的成蜂体长 0.5～0.8mm，雌蜂产卵于枯叶蛱蝶卵内，卵被寄生后渐变为深灰色，约 2 周后可见卵壳上有细小的孔洞。在峨眉山低海拔地区，成蜂始见于 4 月中旬，8、9 月为其发生的高峰期。赤眼蜂的种群数量在年际间波动很大，在其大发生的年份，可造成超过 80%的枯叶蛱蝶卵被寄生，而在赤眼蜂低发的年份，寄生率则不足 5%。黑卵蜂（*Telenumos* sp.）属于缘腹细蜂科，其体型较赤眼蜂略大，雌蜂全体黑色有光泽，数量较赤眼蜂少。其他偶见危害枯叶蛱蝶卵的天敌还有部分小型蜘蛛和猎蝽［半翅目（Hemiptera）：猎蝽科（Reduviidae）］。

3.5.2 幼虫的天敌

蜘蛛、螽斯、土蜂［膜翅目：土蜂科（Scoliidae）］、胡蜂［膜翅目：胡蜂科（Vespidae）］、蛙类和蟾蜍等是枯叶蛱蝶幼虫的主要捕食性天敌。危害枯叶蛱蝶幼虫的蜘蛛种类繁多，大多在白天活动，捕食 1～4 龄幼虫。螽斯、土蜂和胡蜂主要捕食 2～4 龄幼虫。在寄主植物下方活动的蟾蜍和蛙类对夜间取食的枯叶蛱蝶幼虫构成了巨大威胁，尤其是蟾蜍，即便是枝刺尖利的末龄幼虫也难逃其口。除了在夜间，它们也在白天觅食，而末龄幼虫在白天大多栖息在寄主植物基部的地面，很容易被蟾蜍捕食。

其他偶见危害枯叶蛱蝶幼虫的天敌还有鸟类、蚂蚁、猎蝽及步甲［鞘翅目（Coleoptera）：步甲科（Carabidae）］等。还曾发现一种螨的成虫叮刺在末龄幼虫的表皮上，汲食幼虫体液，但通常不会造成幼虫死亡。

3.5.3 蛹期天敌

目前对于野外枯叶蛱蝶蛹的天敌所知甚少。在近自然实验网室内，常见危害蛹的捕食者为田鼠［哺乳纲（Mammalia）：仓鼠科（Cricetidae）］、鼹鼠［（哺乳纲：鼹形鼠科（Spalacidae）］及步甲等。也曾发现蛹被小蜂寄生的情形，但极为罕见。

3.6 野外存活

在野外，蚂蚁捕食是造成枯叶蛱蝶卵死亡的主要原因。幼虫死亡的首要原因是蜘蛛捕食，其次为蝽象捕食，未见有幼虫发生疾病。幼虫期死亡主要发生在1～2龄阶段，其次是在3龄和4龄阶段。由于遭受众多捕食性和寄生性天敌的危害，枯叶蛱蝶幼期虫态在野外的存活率是极低的。各季节的幼期存活率曲线均属于典型的III型，雨水似乎能减轻捕食性天敌的危害。由于无法在野外找到足够数量的枯叶蛱蝶卵和幼虫用于研究其野外存活和死亡原因，从实验网室内收集的卵被用胶水黏附在野外寄主植物的叶片上，定期、定时观察捕食和寄生情况。

在近自然实验网室附近(峨眉山市符溪镇天宫村)，2006～2007年，分别于3月下旬/4月中旬，6月中旬至8月下旬，各抽取当年第1代、第2代及第3代雌成虫同日内产的卵各300～500粒，以2粒/枝的密度黏附在寄主植物叶片正面(左右对生叶片上各1粒)，相邻卵组间隔0.5米。幼虫孵化后在原寄主植物上露天放养。每日7:30～10:30和21:00～23:00检查卵的存活和卵期天敌活动情况，每天7:30～12:30检查幼虫存活及幼虫天敌活动情况，判断死亡或失踪原因。将未孵化的卵收集起来，带回室内观察被寄生情况。另取200粒卵，原位保留在寄主植物上，在与捕食性天敌隔离的环境中观察寄生率。在实验幼虫临近老熟时，将整株寄主植物套入60目尼龙网袋内，防止幼虫转移位置化蛹。如此，幼虫将被迫在寄主基部枝条下化蛹，进入前蛹期后再将袋子打开，将实验幼虫暴露在外。另将200头同日孵化的幼虫，在捕食隔离条件下，以2虫/株的密度放养在活体寄主植物上，幼虫化蛹后将新化蛹收入室内常温下保育，观察是否有内寄生天敌从蛹体内出现。解剖检查未羽化蛹的中肠和生殖节，判定是否有微孢子虫或多角体病毒感染。实验结果表明，2006～2007年，在峨眉山市符溪镇天宫村的室外条件下，枯叶蛱蝶卵至蛹期主要遭受捕食性天敌的危害，未发现有危害枯叶蛱蝶幼期虫态的内寄生昆虫、微孢子虫和多角体病毒。

在第1代田间试虫群体中，两年间卵期的平均阶段死亡率为20.39%，卵期的主要致死原因是蚂蚁捕食(表3-2)。幼虫期总的阶段死亡率为64.17%，是种群损失最大的时期。幼虫死亡主要发生在1～2龄阶段，其次是在3龄和4龄阶段。蜘蛛捕食是幼虫死亡的主要原因，其次是蝽象捕食。蝽象对幼虫的捕食仅出现在2006年，2007年未发生。5龄幼虫的死亡主要是由蟾蜍和青蛙造成的，由于多数时间栖息在地面阴暗处，鸟类不对其构成重大威胁。从存活率曲线看，各期死亡比较均匀(图3-7)。

表 3-2　2006 年和 2007 年峨眉山市符溪镇天宫村第 1 代田间放养枯叶蛱蝶幼期虫态的平均生命表资料

虫期		X 期开始时存活数/头	死亡因素	X 期内死亡数/头	X 期内死亡率/%	X 期内存活率/%
卵		394.50±133.64	蚂蚁捕食	58.00±16.97	20.39±0.08	79.61±0.08
			未受精胚胎死亡	22.50±10.61		
幼虫	1 龄	314.00±106.07	蜘蛛捕食	49.00±45.25	19.81±9.07	80.20±9.07
			疾病	18.00±4.24		
	2 龄	247.00±56.57	蜘蛛捕食	60.50±26.16	24.08±5.36	75.92±5.36
			疾病	0.50±0.71		
	3 龄	186.00±29.70	蜘蛛捕食	40.00±16.97	24.18±10.39	75.83±10.39
			蟑螋捕食	3.50±4.95		
	4 龄	142.50±41.72	蜘蛛捕食	16.50±0.71	15.18±1.44	75.83±1.44
			蟑螋捕食	5.50±7.78		
	5 龄	120.50±33.23	两栖类捕食	7.50±0.71	6.72±0.71	93.29±0.71
			蜘蛛捕食	0.50±0.71		
	合计	314.00	捕食、疾病	201.5	64.17	35.83
前蛹		112.50±31.82	脱落	2.50±0.71	2.40±1.32	97.60±1.32
蛹		110.00±32.53	鼠类捕食	11.50±0.71	11.92±1.03	88.09±1.03
			步甲捕食	1.50±2.12		

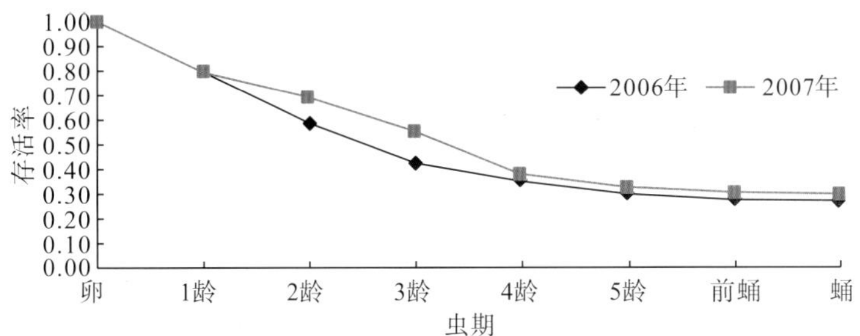

图 3-7　2006 年和 2007 年峨眉山市符溪镇天宫村第 1 代田间放养枯叶蛱蝶幼期虫态的存活率曲线

与第 1 代试虫群体形成鲜明对照，第 2 代试虫的总死亡率超过 99%(表 3-3，图 3-8)。试虫的损失主要发生在卵期，阶段死亡率为 80.24%，主要致死原因是蚂蚁捕食。整个幼虫期的阶段死亡率为 92.13%，主要发生在 1～2 龄幼虫期。幼虫期的死亡主要是蜘蛛对 1～4 龄幼虫的捕食造成的。2006 年，总共进行了 4 次第 2 代取样实验，每次实验中的初始卵量均为 500 粒。其中，只有 6 月 14 日和 8 月

31 日两次实验中的极少一部分卵发育至成虫，7 月 14 日和 7 月 15 日两次在田间设置的卵均在布卵后 3 日内被蚂蚁捕食，无 1 粒发育到幼虫。2007 年，捕食性天敌的危害较轻一些。在 6 月 14 日、7 月 15 日、8 月 10 日和 8 月 26 日四次田间布卵试验中，都有个体发育到成虫。这可能与该年雨水较多有关。

表 3-3　2006 年和 2007 年峨眉山市符溪镇天宫村第 2 代田间放养枯叶蛱蝶幼期虫态的平均生命表

虫期		X 期开始时存活数/头	死亡因素	X 期内死亡数/头	X 期内死亡率/%	X 期内存活率/%
卵		2012.50±17.68	蚂蚁捕食	1551.50±574.88	80.24±25.41	19.77±25.41
			未受精、胚胎死亡	61.00±77.78		
幼虫	1 龄	400.00±514.77	蜘蛛捕食	288.50±396.69	50.33±35.81	49.68±35.81
			疾病	5.00±5.66		
	2 龄	107.00±111.72	蜘蛛捕食	42.00±49.50	33.20±11.60	66.80±11.60
	3 龄	65.00±62.23	蜘蛛捕食	25.50±	36.85±4.98	63.15±4.98
	4 龄	39.50±36.06	蜘蛛捕食	5.00	21.70±19.81	78.30±19.81
	5 龄	34.50±36.06	两栖类捕食	3.00	19.17±20.03	80.84±20.03
	合计	400.00	捕食	368.50	92.13	7.88
前蛹		31.50±36.06	脱落	1.00±1.41	1.76±2.48	98.25±2.48
蛹		30.50±34.65	鼠类捕食	8.00±11.31	22.88±8.78	77.12±8.78
			步甲捕食	0.50±0.71		

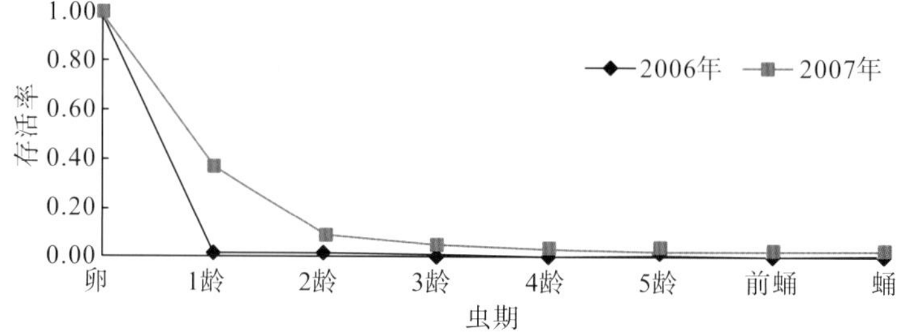

图 3-8　峨眉山市符溪镇天宫村第 2 代田间放养枯叶蛱蝶幼期虫态的存活率曲线

第 3 代试虫的田间存活情况与第 2 代十分相似。卵期死亡率为 87.60%，是该代种群损失的主要阶段，幼虫期阶段总的死亡率为 81.85%。

除了在近自然实验网室周边，类似的实验也同时在峨眉山枯叶蛱蝶核心分布区内的部分地点展开，但实验中大幅降低了布卵密度(约 1 粒/10m^2)。2006 年 6～9 月，分四次将实验卵布置在峨眉山市川主乡顺河村一面山坡的林下寄主植物上。6 月 15

日布置的 300 粒卵中，只有 1 粒发育到 5 龄幼虫，而分别布置于 7 月 15 日、8 月 15 日和 9 月 4 日的总共 1434 粒卵，均在布卵后 6 日内被蚂蚁捕食(图 3-9A)。

在该实验点，偶能见到枯叶蛱蝶成虫活动，而且在林下寄主上也发现有野生卵，当地可被视为野生枯叶蛱蝶的适宜生境。实验卵死亡率高达 100%，意味着自然种群难以续存。但这显然与事实不符。为此，野外布卵实验被扩大到其他生境类型中。2006 年 7 月 28 日和 8 月 28 日，分两次将实验卵分别布置在峨眉山市普兴乡福利村任湾沟的山坡上部、山坡中部和山谷底部溪沟旁的寄主上。结果发现，与川主实验点的情形相同，布置在山坡上部的卵迅速被捕食，而溪沟边和山坡中部的少部分卵得以存活下来。在 7 月 28 日布置的 400 粒卵中，有 4 粒发育到成虫期，幼期存活率为 1.00%；8 月 28 日在相同位置布置的 400 粒卵中，共有 12 粒发育至成虫，幼期存活率为 3.00%(图 3-9B)。

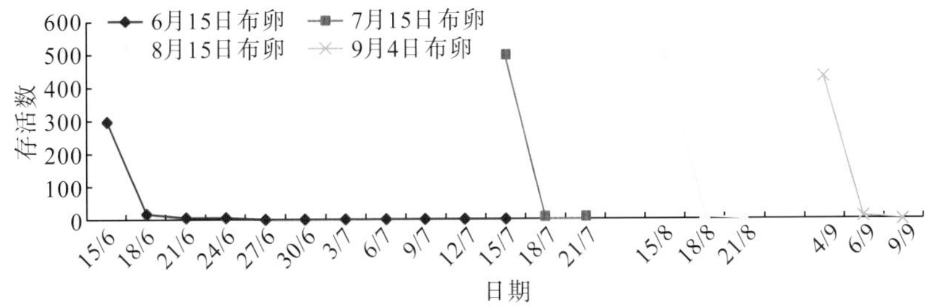

A.峨眉山市川主乡顺河村

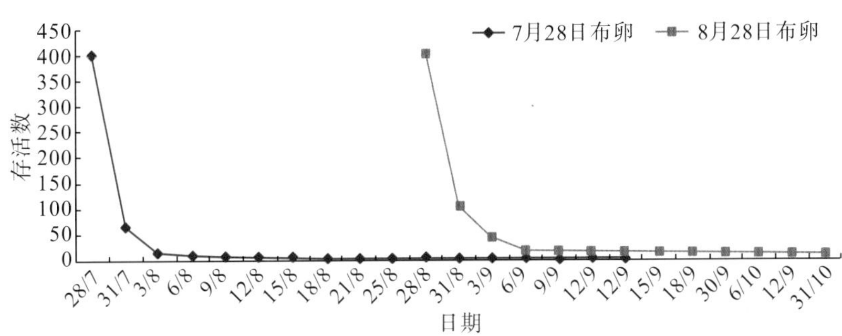

B.峨眉山市普兴乡福利村

图 3-9　2006 年枯叶蛱蝶核心分布区内野外放养枯叶蛱蝶幼期虫态的存活曲线

在普兴乡任湾沟的实验结果表明，不同地域的生境、甚至同一生境内的不同位置，天敌对枯叶蛱蝶幼期虫态的危害程度有所不同。面对巨大的捕食压力和极高的幼期死亡率，自然生境的异质性对于野生枯叶蛱蝶种群的长期续存至关重要。这个认识在野生枯叶蛱蝶保育中具有重要的指导意义。

第4章 成 虫 生 态

与幼虫期相比，成虫最显著的特征是具有强劲的翅膀，具有大范围活动的能力，口器转变为虹吸式，生殖器官发育成熟。枯叶蛱蝶成虫为典型的昼出性昆虫，其羽化、取食、求偶、交配和产卵等活动都在白天进行，有明显的昼夜节律，且与光照和气温密切相关。成虫的生物学功能是繁殖，其一切生命活动都围绕着生殖而进行。其间，需要补充营养，需要找到配偶完成交配，雌成虫还需要寻找适宜的寄主植物产卵。枯叶蛱蝶是一种典型的森林内部栖息昆虫，其自然生境主要为低海拔地带、具有沟谷地形的天然次生常绿阔叶林地。

4.1 羽　　化

成虫在蛹壳内发育完成后破壳而出的过程，称为羽化(eclosion)。羽化通常发生在白天。在夏季晴朗天气，成虫羽化始于黎明时分，集中在 8:00～10:30 时段，直到傍晚才完全停止。一般来说，羽化开始的时间与前日的气温有关。如前日为高温天气，即使次日遇低温，羽化也可以很早就开始。反之，若前日为阴雨天，次日的羽化时间会推迟。

羽化时，成虫以体躯和附肢的扭动从内部对蛹壳施加压力，迫使蛹壳沿胸部背中线和附肢黏附部位裂开，然后以中、后足攀附在悬挂蛹的物体下方，牵引腹部脱离蛹壳(图 4-1)。因为枯叶蛱蝶的蛹是悬挂着的，成虫自身的重力也有助于其脱出蛹壳。初羽化成虫体躯柔软，翅膀皱缩。此时，成虫体内的血液以其自身压力并在胸部肌肉收缩的作用下进入翅膀内，同时翅膜间的气管吸入空气，令翅膀迅速伸展。稍后，成虫经肛门往体外排出称为“蛹便”的废液。随着双层翅膜及其内部的气管硬化，翅膀背、腹面的色斑也同时形成。1～2 小时后，翅膀基本硬化，成虫初步具备飞行能力，但绝大多数成虫在羽化的当天不活跃，处于停息状态。

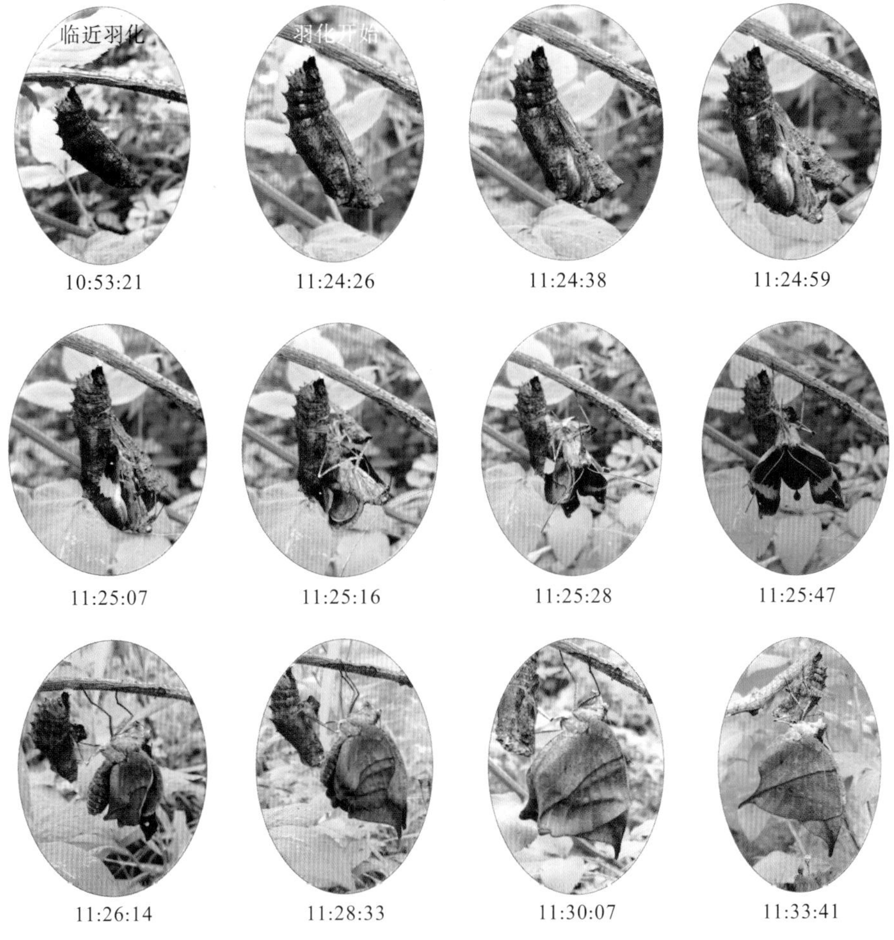

图 4-1　枯叶蛱蝶成虫的羽化过程

4.2　日活动节律

成虫的取食、求偶、交配和产卵等活动都在白天进行，存在明显的昼出夜伏节律，主要受到气温、阳光和雨水影响。

气温是限制成虫活动的首要因素。早春，越冬成虫需在阳光直射下的气温达到 18℃左右时才开始离开夜间停息场所，通常在晴朗天气的上午 9:00～10:00。若阳光被云层遮挡，气温迅速降至 17℃下，成虫迅即停止活动，陆续停息到荫蔽的角落或树冠内。在夏季晴朗天气，成虫活动时间明显提早，大约始于 8:00～8:30。午后炎热时，成虫喜停息到距离地面极近的树干下部、阴凉角落或树冠内部躲避烈日。故而，夏季成虫活动多集中在 9:00～13:00 和 15:00～17:00。无论春季或夏季，若成虫翅膀上沾有雨水或露水，即使夜间栖息场所已被阳光照射到，也不会立即飞出。在早春，绝大多数成虫只在晴朗天气活动，多云天气活动很少，即使气温达到20℃以上，阴雨天则全部停息下来。而在夏季，成虫在多云天气依然活跃，交配和产卵基本不受影响，甚至阴天也有不少雌成虫产卵，但在雨天仍停息下来。无论季节，一般雄蝶会略早于雌蝶开始活动。

早晨从夜间栖息场所飞出后，大多数成虫会停栖在阳光直射到的地方，展开翅膀进行日光浴，以提高体温。这种行为在春季和秋季尤为常见。经过一段时间的日光浴，成虫便开始取食或求偶。交配多发生于接近中午时分，春季最早见于11:35，夏季最早始于10:20。无论春季还是夏季，下午15:00以后很少有交配发生，但个别雄成虫的求偶行为会一直持续至临近日落。产卵开始时间与求偶开始时间基本一致，而结束时间则可延迟至黄昏时分。

成虫一天内的活动程序也并非一成不变的。一些雌性个体从夜间停息场所飞出的时间较晚，它们往往直接前往取食，或开始产卵。进入生殖休眠的雌雄成虫，一天内的活动仅仅是取食和晒太阳，然后很快又进入停息状态。

4.3 活动前的准备行为

清晨成虫的活动在其离开夜间停息位置前即已开始。通常在太阳初升后，成虫的身体便开始时而上下微微“点动”，时而小幅高频地“颤动”，有时将翅膀反复地半展、合拢。这些行为，似乎是为了清理翅膀上的雨水或露水。常见一些成虫以前足清理下唇须、喙管和颈部，颇似洗面的动作。部分成虫将翅膀半展，腹部向背面弯曲呈钩状，从肛门排出浑浊液体。

4.4 日 光 浴

从夜间栖息处飞出后，成虫常停息在低矮灌草叶片、大树干下部，甚至地面等任意阳光照射到的场所，四翅平展、下趴，偶尔半展翅膀，充分将身体暴露在阳光下(图4-2)。在实验网室内，当停息在树干、网室边等非水平位置进行日光浴时，成虫头部均朝向下方，背面对着太阳。反光强烈的白色物体上常会聚集大量成虫。一般认为，蝴蝶成虫的日光浴行为是为了快速提升体内温度，以促进飞行肌机能发挥。然而，枯叶蛱蝶的日光浴行为在日间其他时段也常有发生，包括气温并不算低的夏季午后时段。这时便很难以提升体温、促进飞行肌机能来解释。

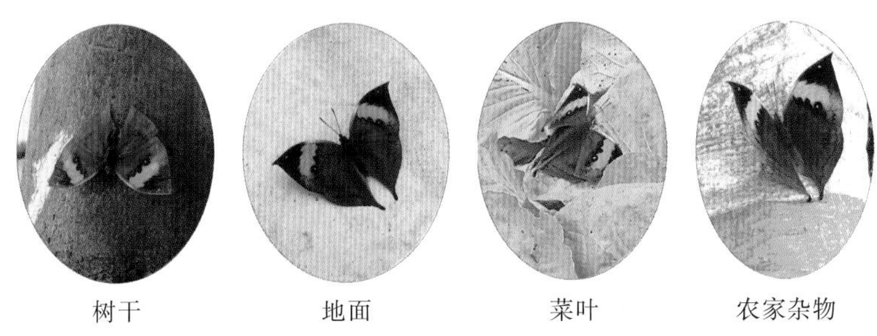

图 4-2　枯叶蛱蝶成虫的日光浴行为

4.5 取　　食

枯叶蛱蝶成虫寿命长、活动范围大，仅靠幼虫期的物质积累远不能满足其生命活动的能量需求。成虫期摄入的食物称为补充营养(supplementary nutrition)，意即是对幼虫期物质积累不足的一种补充。补充营养对于成虫持续的生殖细胞发育及长期、大范围活动是必不可少的。尽管在缺乏补充营养时，直接发育成虫的生殖细胞仍能正常成熟，初期产卵活动照常进行，但雌成虫的寿命大幅缩短、产卵量降低。而对于越冬成虫，若不能在其越冬前通过摄食补充能量储备，绝大多数个体均不能度过漫长冬季。

不同于幼虫的咀嚼式口器，成虫的虹吸式口器只能吸食液态食物。在野外，枯叶蛱蝶成虫主要以腐烂水果及阔叶树枝干虫蛀伤口流出的树液为食物，偶尔也见其吸食动物粪便中的液体(图 4-3)，但未见野外成虫吸食花蜜。雄蝶还常被发现汲食地面富含有机质的污水，雌蝶则很少如此。没有证据表明，污水中的物质为雄蝶存活所必需。许多阔叶树种，包括常绿和落叶类型，在遭到鞘翅目蛀干害虫的幼虫危害后，均可从蛀孔渗出带酸腐气味的树液，最常见的是壳斗科(Fagaceae)、樟科(Lauraceae)、桑科(Moraceae)和榆科(Ulmaceae)树木。成虫喜食的野生水果种类主要有蔷薇科(Rosaceae)桃属(*Amygdalus*)和李属(*Prunus*)、桑科榕属(*Ficus*)和桑属(*Morus*)、柿科(Ebenaceae)柿属(*Diospyros*)，以及芸香科(Rutaceae)柑橘属(*Citrus*)的一些野生种类。近年来山区水果种植业发展很快，在秋季为越冬枯叶蛱蝶提供了一个很好的补充营养源，但果农频繁而大量施用杀虫剂也可能因此诱杀野生成虫。

在实验网室内，成虫吸食几乎任意类型的含糖液体食物，包括新鲜果汁、发酵水果、蜂糖水溶液及米酒等，雄蝶有时会飞到人们身上吸食汗液。成虫对乙醇有强烈的趋向性，在食物中添加少量白酒或酒精，可迅速吸引成虫前来取食。可利用枯叶蛱蝶成虫的这种“嗜酒”习性开展野生种群数量调查。目前尚不清楚，乙醇是仅仅作为觅食信号物质、取食刺激物质，亦或也兼具营养作用。

图 4-3　枯叶蛱蝶成虫取食

通常，觅食成虫飞到食物附近，盘旋数周后方停落在食物附近，然后步行来到食物旁边。一次取食时间数分钟至数十分钟不等，炎热时持续时间更长。成虫贪食，以至于取食时有点丧失警觉，可以走近用手将其捉住。成虫的取食活动主要受到天气，尤其是气温和光照的影响，在晴朗和多云天气取食活跃，阴天少见，雨天停止。在天气条件许可时，绝大多数成虫每天会有 1～4 回取食。

在野外，腐烂水果大都已掉落地面，从虫蛀伤口渗出的树液也大多藏在密林深处。这些食物通常难以依靠视觉发现，因此枯叶蛱蝶完全是凭借嗅觉循着食物散发出的挥发物找到其食物的。即便将食物用树叶或毛巾完全遮挡住，也不影响成虫的觅食效率。行为实验表明，在各种水果的众多挥发性化合物中，醇类、酯类、酮类、有机酸及杂环类(如 α-蒎烯)等均对枯叶蛱蝶具不同程度的引诱作用。就单一物质而言，以乙醇的引诱效应最为强烈。当乙醇中混合有乙酸乙酯后，在同样的浓度下，食物挥发性物质的觅食引诱作用更为强烈。挥发性物质对成虫觅食的引诱作用是浓度依赖的，在一定范围内，信息化合物的浓度越高，引诱效应越强烈。

4.6 求偶和交配

成虫的求偶-交配活动多发生在晴朗或多云天气条件下，阴天少见，雨天停止。在野外，雄蝶求偶期间喜选择林间空地、林缘溪沟或道路出口处，停栖在距离地面 1～4m 高、视线开阔处树枝的叶尖部位，通常翅膀平展，等候雌蝶的出现，常常十多天不更换位置(图 4-4)。枯叶蛱蝶雄成虫的这种求偶类型称为“守候型”(perching type)，有别于凤蝶科、粉蝶科等中常见的雄蝶四处飞行寻找配偶的“巡游型”(patrolling type)。这种守候习性，同样可被用于开展野外种群数量调查。

图 4-4 枯叶蛱蝶雄成虫守候雌蝶的到来

雄成虫守候配偶期间，具有强烈的占域习性(territory behavior)。若见同种雄蝶或其他种类蝴蝶靠近，必起飞竭力驱逐，而后来者似乎也无意与先占据者争夺地盘，即使体型与年龄占优势，大多数情况下也会离去，但也有后来者将先占位者驱逐的情况。驱逐竞争者后，雄蝶旋即回到原来位置。在实验网室内，驱逐者和入侵者之间的缠斗常会吸引其他雄蝶加入，或许是因为它们不小心闯入了其他守候者的地盘，形成一条多达十余头雄成虫相互尾随的“追逐链”。当不处于求偶状态时，雄成虫并无明显的占域行为，可见大量雄成虫密集停息在一起，在取食时也是互不影响。

与驱逐竞争者时相反，若遇雌蝶靠近，守候中的雄蝶则尾随而去“追求”。此时，雄蝶的行为要比“驱逐”时平静许多。无意交配的雌蝶会迅速飞离，而雄蝶也很快返回原来的位置继续守候。

在实验网室内，若路过的雌蝶有意交配，则会飞到网室的边角处或树冠内停下，雄蝶跟随而至，停靠在雌蝶旁边，弯曲腹部将腹末伸出至雌蝶腹部末端。此时，若雌蝶接受了雄蝶的追求，交配即可发生。否则，雌蝶会再次飞离。多数情况下，雄蝶会放弃对该雌蝶的追求，停下来休息片刻后即返回原先的守候位置。

但也有极少数雄蝶并不甘心，继续尾随飞离的雌蝶，展开第二轮追求。

未能在野外观察到枯叶蛱蝶的交配过程。在实验网室中，大多数的交配开始于近中午时分，春季最早见于 11:35，夏季略往前移，最早始于 10:20。无论春季还是夏季，下午 15:00 以后很少有新的交配发生，尽管夏季部分雄成虫的求偶行为会一直持续至临近日落。网室边壁、树干、树冠内或低矮灌丛的叶片下方，都是成虫交配的场所，但配对成虫的停息位置大多在 2 米以上，绝大多数在 2.5～4.5m（图 4-5）。交配持续时间在个体间差异很大，大多为 1～2 小时，但也有部分个体的交配时间只经历短暂的 10～30 分钟，也有少数交配持续 10 小时以上。

树叶下(横向)

树叶下(纵向)

网室边

图 4-5 枯叶蛱蝶成虫的交配

雄成虫积极寻求交配机会，一生中最多可进行 8 次交配，有些 1 天内即能完成 2 次交配。极少数雄蝶会向其他雄蝶寻求交配，这种“同性恋”行为在其他蛱蝶中也有发现，其生物学意义尚不明确。

雌蝶的多次交配也是较为常见的，但不如雄蝶中普遍。2006 年春季，观察了

60 头越冬雌成虫的交配情况。至 4 月中旬，17 头发生 2 次以上交配，其中 4 头交配次数达 3 次。在野外，枯叶蛱蝶种群密度很低，雌蝶的重复交配也许不及实验种群中普遍。

4.7 产　卵

4.7.1 雌蝶的产卵过程

1. 寄主植物确认

枯叶蛱蝶雌成虫的产卵过程包括寄主搜寻、寄主定位、寄主确认和将卵产出等 4 个阶段。在产卵初期，缺乏产卵经验的雌成虫在找寻寄主植物的过程中，通常会接近并检查几乎所有叶型叶色的低矮植物，包括一些极为矮小的杂草，但一般不去检视高大的树木。经历了一段时间的产卵后，雌蝶显然能够记住寄主植物的位置。产卵前，雌成虫需要通过接触叶片、以特定信息化学物质确认寄主植物。若将寄主植物从实验网室内移出，雌成虫在经过一段时期搜寻无果后，也会选择一些非寄主植物在其上产卵。在寻找寄主植物的过程中，雌成虫常贴近地面缓慢飞行。

2. 受精和卵的产出

产卵前，成熟卵母细胞从卵巢管向外排出，向下经过受精囊孔的时候，精子从受精囊出来，从受精孔进入卵内与卵核结合，即卵在产出前在雌成虫体内受精。雌成虫产卵孔的两侧有 1 对称为“肛乳突”的瓣状结构，产卵时以这两个瓣片夹持着即将产出的卵粒，将其准确放置于寄主植物叶片或其他物体表面。雌蝶产卵时十分专注，即使受到轻微触动，也不会停止产卵。

在无雄成虫存在的情况下，未滞育的雌成虫不经交配，体内卵母细胞仍以正常速率发育，并能将卵产出，但这些未受精的卵不能孵化，且未经交配雌蝶的产卵前期远长于经交配雌成虫。

4.7.2 分散产卵

雌成虫极为分散地将卵粒产在寄主植物叶片正面及寄主植物附近较高处的物体表面，尤其偏好选择周围环境较为复杂的寄主植物处产卵(图 4-6)。在野外开阔地带，寄主植物附近没有较高的杂物，雌成虫很少选择在其上产卵，这类寄主植物通常被产卵雌成虫忽视。一般情况下，若是寄主植物周围有其他杂物存在，产于寄主植物附近杂物上的卵远多于产在寄主植物叶片上的卵。雌成虫的这些产卵习性，对于开展野生枯叶蛱蝶种群保育具有重要意义。

图 4-6　枯叶蛱蝶雌成虫的产卵习性

A. 寄主附近的竹枝上；B. 寄主上方的纱网；C. 寄主叶片；D. 寄主附近的钢管上；E. 寄主上方的树干上；F. 野外极为分散的产卵位置(第一粒卵产于寄主左上方的小灌木叶片上；数字表示卵粒产下的先后顺序)

1. 局部分散产卵

在实验网室内，寄主植物附近的杂物，包括网壁、钢管、灌木、树干和树叶等，都是雌成虫选择产卵的位置。一些雌蝶甚至将少量卵产于寄主植物附近地面的土块上。通常，雌成虫确认寄主后，先在其上产 1～2 粒卵或不产卵，然后能准确地在寄主的正上方 10～40cm 处产下一粒卵，然后再往上继续产卵。一般越往上，产下的卵与下方寄主植物间的偏离就越大。或许是感觉到了这种偏离，雌成虫在自下而上产下数粒卵后，常又回到下方重新确认寄主位置，然后再继续往上产卵。确有不少时候，第一粒卵并不被直接产在寄主植物叶片上。

在实验网室的中央有一株荔枝树，雌成虫在该位置的产卵很接近野外的实际情形。2006 年 4 月 21～24 日，园内雌成虫 4 天内共在该位置产下 216 粒，其中仅 29 粒被直接产于寄主植物上，1m 以下的树干和枝叶上 41 粒，树上 1～2m 处 42 粒，2～3m 处 62 粒，3m 以上(含网室顶部的遮阳网下方)42 粒。被直接产于寄主植物上的卵仅占总产卵数的 13.43%，而产于树木上的卵则占到总卵数的 86.57%。

在野外，雌成虫产卵更为分散，寄主植物叶片及寄主上方的树干、树叶、枯枝及几乎任意其他物体表面均是其产卵场所。作者曾两次观察到野外雌成虫产卵：2006 年 7 月 3 日，在峨眉山市黄湾镇大峨村的一片疏林下，曾观察到 1 头雌成虫连续产下 14 粒卵，然后离开。其中仅 3 粒卵位于寄主植物上，其余 12 粒均在寄主旁边的树干或其他灌木枝叶上、距离地面 0.4～4m 高的位置。2007 年 7 月 21 日，在峨眉山市普兴乡福利村任湾沟内发现另一头雌成虫产卵。在这里，单株寄主高度均在 0.3m 以下，较为均匀的散布在一片竹林内。这头雌成虫首先接触确认了寄主叶片，但未在上面产下卵，而是到寄主上方约 1.2m 的竹杆上产下 1 粒，再在该处上方约 0.5m 处产 1 粒，接着继续往上，在离地面约 3.5m 的位置产下第 3 粒。然后，雌成虫下到地面重新识别寄主，在其上产下 1 粒卵后，再转至一邻近竹杆上产下 2 粒卵，高度分别为 0.33m 和 0.74m。随后因受到惊扰飞离。在野外，雌成虫似乎对 0.5m 以下的矮小寄主植株更感兴趣，通常在这些植株上更容易找到卵和低龄幼虫。

2. 大范围分散产卵

在野外，雌成虫沿着两旁生长有寄主植物的小路或溪谷飞行，寻找适宜产卵的寄主植株，每一轮产卵结束后，即向前飞行，不会长时间停留在同一个地点产卵。但同时，对标记释放雌成虫的观察表明，野外雌蝶的产卵区域也具有一定的“恒常性”，即在种群密度不高的情况下，雌成虫的产卵区域是较为固定的，连续多日在其出生的生境斑块中产卵，通常不进行远距离扩散。在实验网室内，一轮产卵结束后，雌蝶多沿网室边缘急速飞行，急切找寻出口。当发现无法离开网室后，只能回到早前的产卵位置继续产卵。雌成虫产卵时有一定的领域性，在竞争产卵位时存在相互干扰的现象。

3. 分散产卵的适应意义

如前所述，枯叶蛱蝶具有奇特的分散产卵习性。尽管位于寄主植株上的卵孵化后幼虫立即就能找到食物，但雌成虫仍将大部分卵分散产在寄主附近较高位置的杂物上面，幼虫孵化后吐丝下坠到寄主植物上或寄主附近的地面。这种产卵习性对于后代的生存有利也有弊。卵是静止虫态，不能通过自身的位置移动逃避天敌，而其捕食性天敌又常在寄主植物上活动，将卵产在寄主植物之外的杂物上虽然减少了初孵幼虫发现食料叶片的机会，但也可能有助于减轻夏季天敌对卵的危害，是一种风险分散策略。这个假说目前尚无实验证据支持。

在野外模拟实验中发现，蛛网黏结和气流带走导致大量的初孵化幼虫死亡。初孵化幼虫对于寄主植物的搜寻能力并不强，因而寄主植株的密度对于从高处下落幼虫的成活十分关键。尽管如此，大多数在野外被发现的卵和低龄幼虫都位于散布在林下或溪沟边的离散寄主上，很少在高密度生长的寄主斑块中发现卵和幼虫，着实令人费解。一种可能的解释是，现有的寄主植物密度是人类活动破坏造成的，是枯叶蛱蝶生境退化的表现。

雌成虫的分散产卵习性，使野外卵和幼虫的数量调查变得十分困难，研究者难以在短期内获取野生种群的生命表资料。

4.7.3 日内产卵节律

雌成虫的产卵活动多发生在晴朗或多云天气条件下，阴天少见，雨天停止。即便在晴天，产卵活动也受到气温影响。在春季，产卵活动集中在中午气温较高的 12:00 至下午 15:30 之间，低于 18℃时即使晴朗亦不产卵；在夏季，一天内的产卵活动通常在中午 11:00～13:00 和下午 15:00～17:00 出现两个高峰期，午间气温过高时中止。个别雌成虫可产卵至黄昏时分。

雌成虫一天中的产卵活动是间歇性的，依个体不同，一头雌成虫每日可进行 2～9 轮产卵，每轮产下 3～16 粒卵。不同的日产卵轮数与日产卵量，反映了雌成虫个体间卵母细胞成熟进度的差异。以 2006 年 3 月 25 日 1 头雌成虫连续四轮的产卵过程为例。下午 13:40，第一轮产卵开始，历时约 3 分钟，共产下约 8 粒卵。14 点 30 分，开始第二轮产卵，历时约 2 分钟，共产下 6 粒卵。14 点 35 分，开始第三次产卵，历时约 2 分钟，产下 9 粒。第四次产卵大约在 15 点 10 分开始，产下 6 粒。当日，这头雌成虫共产下 27 粒卵。每一轮产卵结束后，雌成虫总是向上、沿网室边缘左右飞行，寻找出园的通路。当发现不能出去时，也就继续在原位或邻近位置继续产卵。在新一轮产卵开始前，雌成虫都必须重新确认寄主。

若遇连续阴雨天气，雌成虫多日不能产卵。此时其体内已积留大量发育成熟的卵。一旦天气转晴，雌成虫产卵十分急切，往往在多轮产卵间并无明显的间歇期，一次产卵飞行可持续 1 个小时以上。

4.7.4　一生产卵节律

雌成虫连续数日中的产卵活动，除受天气影响外，也受到卵母细胞成熟进度的影响。大部分雌成虫在初次交配后的第 1～2 天开始产卵，未见在初次交配当天即开始产卵的。连续数日间的产卵节律不甚规则，但通常在产卵 1～4 天后会有 1～3 天的停歇期。最长连续产卵日为 4 天，而最长连续产卵停歇期可达 3 天。日产卵量也很不稳定，最多时一天内可产下 70 余粒卵，少则仅数粒。大多数个体的日最大产卵量发生在产卵期的早期，并有一段产卵量相对平稳的时期。雌成虫生命的中后期，日产卵量逐渐下降，但产卵活动会一直持续至雌成虫衰竭、失去飞行能力前。

4.8　停　　息

4.8.1　日间停息

成虫在白天的活动受到环境条件及自身生理机能的双重影响。在环境条件中，最重要的是天气条件。在晴朗或多云天气条件下，成虫通常都很活跃，但在夏天午后最炎热的时段也会停止活动。阴天活动大幅减少，雨天则基本停止，成虫整天停留在其夜间停息场所。

无论在野外或是实验网室内，在活动的间歇期，成虫通常停息到树干或各级树枝上、树冠内的树叶下或其他荫凉角落。极度炎热时段，主要在午后 13:00～15:00，成虫喜好停息在距离地面很近的树干基部、甚至溪沟边荫凉处的岩石上面。停息时，成虫均是头部朝下，但后翅尾突通常不接触到成虫所在物体的表面。当停息在树叶下方时，成虫头部总是朝着叶尖方向(图 4-7)。

无论是在野外或是在实验网室内，成虫均没有表现出停息在枯叶下方或枯叶附近的偏好，其选择的停息场所，大多为相对荫蔽的地方。同时，停息在树干或树枝上的成虫也不会像一些资料中记述的那样会主动地左右摆动自己的翅膀，以显得像是一片摇曳的枯叶。实际上，成虫选择的场所常常是相对避风的。偶尔也会有阵风对着翅膀的侧面吹来，成虫自然会受到风力的作用而“飘动”，但这是一个完全被动的动作。

图 4-7　枯叶蛱蝶成虫的日间停息

4.8.2　夜间停息

在实验网室内，成虫选择的夜间停息位置，通常为半荫、空旷、避风而干燥的地方，如网室角落、树冠内、或积有落叶的网室顶部下面，而极少停息在低矮灌木中或过于黑暗的角落。部分成虫连续数日在同一地点过夜，也是由于这类场所的环境条件较为适宜而且稳定。雌成虫停息的平均高度为 2.20m，约 1/3 栖息于树冠内，其余停息在网室角落。雄成虫夜间栖息的平均高度为 2.07m。在树冠内栖息过夜的成虫，既有停息在枯叶下的，也有停息在绿叶下、树木主干或不同大小分枝的枝杆下。总之，如同日间停息，成虫的夜间停息位置选择也并未表现出对枯叶的偏好。在野外，偶见有成虫在黄昏时分停息到顶部树枝及树叶下方过夜。

4.9　扩散与逃逸

枯叶蛱蝶成虫具有较强的定栖习性，通常只在林内或林缘作短距离飞行。雌蝶除非觅食需要，很少离开其出生地，而雄蝶活动则以雌蝶为主中心，以食物为副中心。雄成虫的向外扩散通常是由领域竞争引起的，在竞争中失败的雄成虫不得不离开其出生的生境，到其他地方寻找“守候”位置。对于雌成虫，扩散往往是大范围分散产卵的需要，但在原生境中补充营养匮乏时，雌成虫也会向外扩散觅食。野外标记释放实验也表明，雌雄成虫均可扩散至 10km 以外的地点(图 4-8)。

图 4-8　野外标记释放的成虫

枯叶蛱蝶在蝶类中可算是飞行能手。即便其翅膀被少量雨水或露水所湿，只要气温适宜，在受到惊扰时也能作急速飞行。其忽左忽右、忽上忽下不规则的飞行轨迹，可令鸟类捕食者难以追踪。若只是受到轻微的扰动，其飞行距离通常都不会很远，很快就在数米以外的树干或树冠内停息下来，合拢翅膀，头部朝下，静静等待危险过去。若是遭到了明显的袭击，成虫则会远远地飞去。在扩散或逃逸飞行中，成虫前翅背面中斜带的橙色分外醒目，观察者在数十米以外一眼就能认出。

4.10 越　冬

8月中旬前羽化的部分成虫及8月下旬后羽化的绝大多数成虫进入生殖休眠，休眠雄成虫停止求偶和交配活动，雌成虫卵母细胞中止发育，停留在无卵黄沉积阶段。雌雄个体均大量摄取补充营养，积累脂肪和糖原为越冬做准备。当越冬需要的营养积累完成后，成虫日常活动大大减少，在漫长的冬季，长时间地停息在荫蔽场所。遇晴朗天气，个别成虫偶尔飞出取食和日光浴。尽管越冬前进行了充足的营养储备，成虫在越冬期间仍须不时补充体内水分，这种水可以来自露水，也可以是雨水。若长期不能获得水分补充，绝大多数成虫都会在越冬期间脱水死亡。越冬期间的成虫有假死的习性，当被捉离其所附着的物体后，它们便将胸足收起，紧贴在胸部的腹面，显出一副毫无生命的模样。最近，枯叶蛱蝶的生殖休眠已被证明是滞育，即一种深度的、特殊的休眠状态，详见本书第5章。

4.11 捕食性天敌

由于个体稀少，除偶见有衰老成虫被蛛网黏着，在野外未曾观察到野生枯叶蛱蝶被天敌捕食的情形。部分成虫翅膀上的缺口，预示着它们也是某些鸟类的捕食对象(图4-9)。

A

B

图4-9　天敌对枯叶蛱蝶成虫的捕食

A. 大型蜘蛛捕食成虫；B. 疑似遭食虫鸟啄损伤的翅膀

在实验网室中，捕食枯叶蛱蝶成虫的天敌包括鸟类(从网室外啄食停在网壁的成虫)、大型蜘蛛、螳螂、田鼠、螽斯、土蜂、胡蜂、蛙类及壁虎等，而又以鸟类、蜘蛛和螳螂的危害最为严重。在冬季，田鼠对越冬期间的成虫构成最严重威胁。此外，一种在冬季活动的蜗牛分泌出消化液，溶解并吸食越冬成虫的翅膀和体内的脂肪。

4.12　野外成虫的生活环境

在峨眉山区，野生枯叶蛱蝶成虫的活动区域主要位于海拔 1200m 以下天然次生常绿阔叶林地及常绿阔叶林遭到人为破坏后退变而成的常绿-落叶阔叶混交林地带(图 4-10)，在海拔 1700m 左右的仙峰寺一带仍可见到成虫踪迹。原生常绿阔叶林生境极少，仅在峨眉山风景区内尚存少量。但在这些近原生的常绿阔叶林内，成虫数量并不多，说明其并非枯叶蛱蝶的最适生境，或是海拔偏高的缘故。

沟谷次生常绿阔叶林
(峨眉山市普兴乡福利村)

雄成虫守候配偶的谷口
(峨眉山市普兴乡安全村)

樟科次生常绿阔叶林
(峨眉山市黄湾镇报国村)

楠竹林
(峨眉山市黄湾镇报国村)

图 4-10　枯叶蛱蝶的成虫生境

在低海拔的核心分布区内，成虫生境内的树木主要为原生本土种类，地带性植被主要由以喜暖湿的樟科常绿树种为主要建群种的植物群落组成。依地段不同，主要乔木树种包括：尖叶榕(*Ficus henryi*)、桢楠(楠木)(*Phoebe zhennan*)、润楠(*Machilus pingii*)、桃叶珊瑚(*Aucuba chinensis*)、细叶楠(*Phoebe hui*)、竹叶楠(*Phoebe faberi*)、峨眉紫楠(*Phoebe sheareri var. omeiensis*)、小果润楠(*Machilus microcarpa*)、簇叶新木姜子(*Neolitsea confertifolia*)、头状四照花(*Dendrobenthamia capitata*)、交让木(*Daphniphyllum macropodum*)、小叶青冈(*Cyclobalanopsis myrsinifolia*)、油樟(*Cinnamomum longepaniculatum*)、曼青冈(*Cyclobalanopsis oxyodon*)、含笑(*Michelia martinii*)、杨叶木姜子(*Litsea populifolia*)、南酸枣(*Choerospondias axillaris*)、华中樱桃(*Cerasus conradinae*)和山羊角树(*Carrierea calycina*)，等等。群落中的第一乔木层最高可达 30m，不少群落内分布有大量野生和栽培竹类。群落中的灌木树种主要有柃木(*Eurya* sp.)、硃砂根(*Ardisia crenata*)及中华青荚叶(*Helwingia chinensis*)，等等。林下草本层中蕨类植物及其他耐阴湿植物种类丰富，主要包括瘤足蕨(*Plagiogyria adnata*)、单叶新月蕨(*Pronephrium simplex*)、铁角蕨(*Asplenium trichomanes*)、长叶铁角蕨(*Asplenium prolongatum*)、楼梯草(*Elatostema involucratum*)、冷水花(*Pilea notata*)、秋海棠(*Begonia* sp.)、单叶细辛(*Asarum himalaicum*)、宝铎草(*Disporum sessile*)、莎草(*Cyperus* sp.)，等等。不少群落内部生长有常春油麻藤(*Mucuna sempervirens*)、冠盖藤(*Pileostegia viburnoides*)等攀援或缠绕大藤本。在峨眉山风景区内，由于得到良好保护，各种群落类型的乔木层郁闭度都在 0.7 以上。但在风景区边缘及更远的地带，近二十年来，旅游业和农业开发严重破坏了而且正在持续改变着常绿阔叶林生境，主要表现在高大常绿乔木减少，落叶树种和外来树种增加，群落郁闭度降低，寄主植物被大量铲除及生境碎片化等方面。

枯叶蛱蝶成虫主要是一种森林内部栖息的昆虫，尽管其也常常在森林边缘和林窗地带活动。雌成虫的活动以寄主植物为中心，而雄成虫又围绕雌成虫活动，但雄蝶的活动范围更大些，在寺院和农家小院也可见其身影。低海拔常绿阔叶林的溪沟和阴湿山谷是成虫活动的中心地带。在这些地方，寄主植物常成片生长，而又以球花马蓝的密度最大和数量最多。茂密的阔叶林既提供了寄主植物生长所必需的荫湿条件，也为成虫提供了度过酷夏和严冬的庇护场所。许多阔叶树种在遭受以天牛为主的蛀茎类害虫危害后，从蛀孔渗出发酵树液，为枯叶蛱蝶成虫提供了最喜食的补充营养之一。低海拔天然常绿阔叶林是峨眉山野生枯叶蛱蝶种群长期续存的前提条件之一。

第 5 章　生 殖 休 眠

生殖休眠是枯叶蛱蝶雌雄成虫长期中止生殖发育和生殖活动的现象，是枯叶蛱蝶用以应对不利其生存和繁殖的环境条件的一种重要生活史对策。雄成虫进入休眠后停止求偶活动，雌成虫停止交配和产卵，卵母细胞中止发育，长期停留在无卵黄沉积的阶段，直到次年 3 月上/中旬才恢复生殖活动。生殖休眠成虫大多羽化于立秋以后，但早在 5 月下旬，即第 1 代成虫的羽化初期，便有极少数个体开始休眠。最近的研究表明，枯叶蛱蝶雌成虫的生殖休眠为一种兼性滞育。本章主要介绍枯叶蛱蝶雌成虫生殖休眠的生态生理特征，包括休眠的发生期、休眠性质、休眠进展、诱发休眠的环境条件及休眠发生对环境条件的敏感虫期，等等。

5.1　直接发育雌成虫与休眠雌成虫的卵母细胞发育进程

枯叶蛱蝶雌成虫的内生殖器官由 1 对卵巢、1 对侧输卵管、1 根中输卵管、交配囊和受精囊组成。卵巢位于腹部 3～6 节内腔，左右侧各 1 个，对称分布，每侧卵巢均由 4 根多滋式卵巢管组成，每根卵巢管包括端丝、生殖区、生长区和卵巢管柄等 4 部分。这些卵巢管通过微气管缠绕在一起，在基部合并后汇入侧输卵管，左右侧输卵管在中间合并成中输卵管；中输卵管直而粗，沿体中线伸向腹部末端，开口于生殖腔。受精囊基部以生殖孔与中输卵管相连接，端部以输卵管与交配囊相连接(图 5-1)。

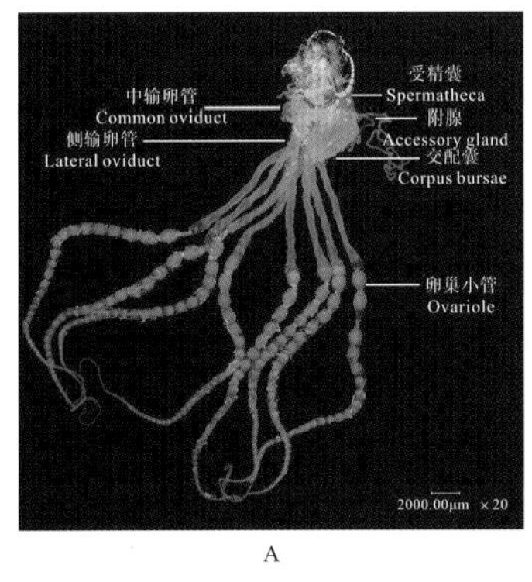

A

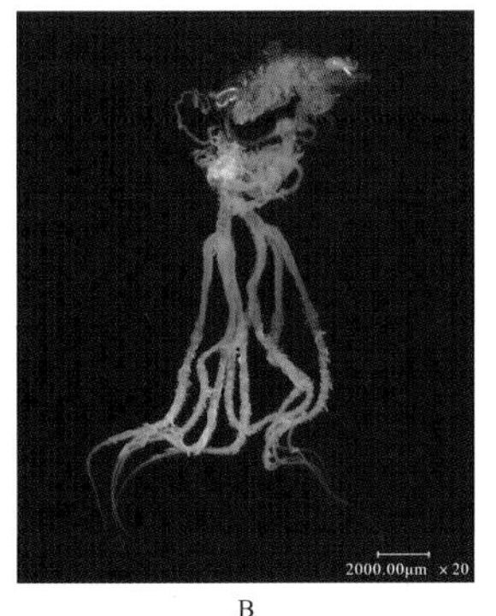

B

图 5-1　枯叶蛱蝶发育和休眠雌成虫的卵巢管

A. 直接发育雌成虫；B. 休眠雌成虫

直接发育雌成虫羽化后不久即可交配产卵，并在当年完成其生命历程。在近自然条件下，部分个体在羽化当日即有少量卵黄沉积，到 6 日龄时已有成熟卵母细胞(图 5-2)。休眠雌成虫则不然，在近自然条件下，从 8 月下旬直到次年 1 月下旬，其卵母细胞持续停滞在无卵黄沉积阶段，即便是在适宜直接发育雌成虫卵母细胞发育的环境条件下。

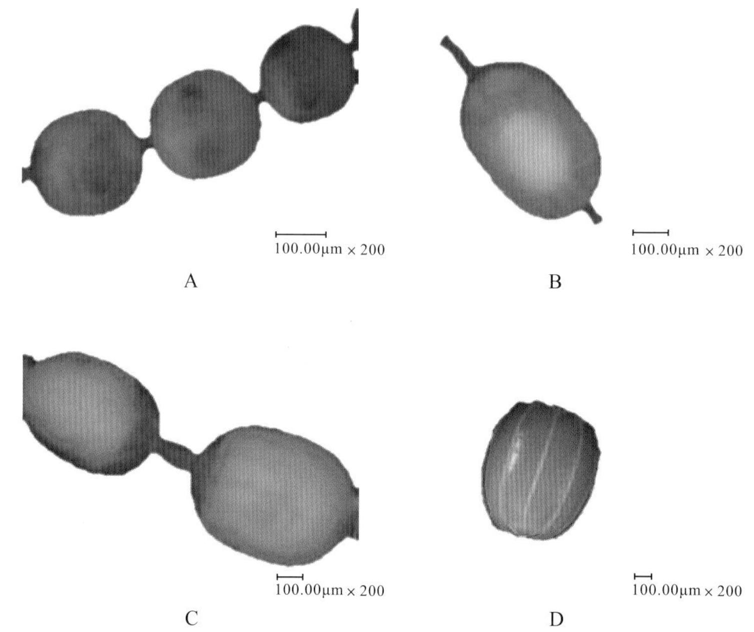

图 5-2 枯叶蛱蝶雌成虫不同发育等级的卵母细胞

A. 1 级：仅具无卵黄沉积的透明卵母细胞；B. 2 级：具≤1/2 卵黄沉积的未成熟卵母细胞；C. 3 级：具>1/2 卵黄沉积的未成熟卵母细胞；D. 4 级：具成熟卵母细胞。

5.2 生殖休眠的性质

休眠(dormancy)，泛指一切生长发育受到明显抑制或中止的状态，常常伴随着代谢水平的降低，是昆虫用以应对不利于其生存和繁殖的极端高/低温、食物匮乏、干旱等环境条件的一种生活史对策。在昆虫中，发生在成虫期的休眠被称为生殖休眠(reproductive dormancy)。

根据诱发和终止休眠的环境条件及发育恢复对环境条件的反应速度，可简单地将昆虫的休眠划分为 2 种类型：静息(quiescence)和滞育(diapause)。静息，指昆虫在任意不利环境条件超出其适宜范围后，生长发育即时中止或显著减缓，而在环境条件恢复到适宜区间后，又能快速恢复生长发育。静息型休眠的发生和结束是同样的环境因素、在不同方向上同样强度的变化直接引发的。而滞育，则是指昆虫预先受到预示不良环境条件即将来临的某种信号的诱导，在内在的中枢指令调控下，将昆虫个体的直接发育模式切换至滞育模式而后发生的休眠形式。滞育的开始时间往往大幅提前于不良环境的到来，且滞育一旦发生，通常都会持续一段时间，不会因为有利环境条件的到来而立即结束，但滞育的结束通常也提前于不利环境条件的结束时间。除了发育的中止，昆虫滞育期间常呈现出脂肪积累增加、代谢水平大幅降低、活动减少、抗寒性增强及体表颜色变化等所谓的“滞育征候群”。

是否有预见性(anticipation)和不应期(refractory phase)，是滞育和静息在外在表现形式上的主要区别。静息没有诱导过程，持续时间短，不利环境条件直接地、即时地引发休眠，静息个体未能利用任何环境信息对未来进行预判。滞育个体则在不利环境条件到来之前，利用了季节性的特定环境信息对未来进行了预判，休眠并非即时环境条件本身直接地引发，而是事先预定了的，发育中止超前于不利条件的到来，具有明显的诱导阶段。在滞育中，早期环境信号间接地、逐渐地、经过较长时间才最终导致发育停滞，休眠的开始延时地响应了诱发条件。在静息情形中，发育的恢复对适宜条件作出即时、无延迟响应，而在滞育情形下，发育的恢复在不同程度上滞后于适宜条件的到来。

专性滞育(obligatory diapause)的昆虫种类通常一年中只发生 1 个世代，当个体发育达到滞育虫态阶段，不论此时外界环境条件如何，所有个体均进入滞育。而兼性滞育(facultative diapause)的种类为多化性，虽然滞育发生的虫态也是固定的，但发生的世代却是可变的，个体滞育的发生与否取决于环境条件。

在峨眉山区，枯叶蛱蝶以成虫越冬，越冬成虫处于生殖休眠状态。通过比较保育在同样的模拟初夏温度、光照和空气湿度条件下的繁殖季直接发育成虫与越冬初期成虫的生殖发育进程，并根据越冬成虫生殖发育对适宜环境条件的响应特征，栗婧等人最近证实，枯叶蛱蝶雌成虫的越冬休眠为一种兼性滞育。在滞育状态下，雌成虫的卵母细胞发育处于一种锁定状态，即便此时的环境温湿度和光照条件完全适宜于非滞育个体的卵母细胞发育。

2017 年 6 月，将在峨眉山近自然条件下饲养得到的枯叶蛱蝶新化蛹及其羽化成虫，保育在温度为 25℃、光周期 L∶D 为 15∶9(24 小时循环光周期)和相对湿度为 70%的气候箱内。分别取 0、2、4、6、8、10、12、14 及 16 日龄雌成虫各 5～10 头，解剖检查内生殖器官及卵母细胞发育情况。在所有解剖检查个体中，直接发育雌成虫在羽化当日即具有无卵黄沉积的卵母细胞。部分个体在其 2 日龄时已具有卵黄沉积的卵母细胞。在 25℃条件下，生殖细胞持续发育，部分个体至 12

日龄已见成熟卵母细胞(表 5-1)。

表 5-1 25℃恒温条件下枯叶蛱蝶直接发育雌成虫的卵母细胞发育进程

	日龄								
	0☆	2	4	6	8	10	12	14	16
发育等级#	**1**[9]	**2**[8]	**2**[8]	**3**[3]/**2**[3]	**3**[6]	**3**[5]	**4**[2]/**3**[3]	**4**[7]	**4**[6]
样本量	9	8	8	6	6	5	5	7	6
平均值※	1.00f	2.00e	2.00e	2.50±0.22d	3.00c	3.00c	3.40±0.24b	4.00a	4.00a

#，方括号前的粗体数字代表卵母细胞发育级别，括号内数字表示该发育级别的个体数量；☆，羽化当日；※，“±”前为加权平均值，后为标准误；同行数据后标有相同字母表示差异不显著。

2017 年 9 月中旬和 10 月中旬，分两批将分别羽化于 9 月 8 日和 10 月 1 日、放养保存在峨眉山的 9～11 日龄近自然实验种群雌成虫快递至昆明。试虫在到达昆明次日，被保育在温度 25℃、光周期 L∶D 为 15∶9 和 70%相对湿度的人工气候箱内。从试虫进入气候箱保育 2 日起，每 2 日解剖检查 5～10 头雌成虫的生殖发育状况。

在 25℃条件下保育 2～14 天，羽化于 9 月上旬的绝大多数 12～24 日龄越冬雌成虫的卵母细胞持续停滞在无卵黄沉积阶段(表 5-2)。随着日龄的增加，卵母细胞发育等级无显著差异。但在每次解剖中，均有少量雌成虫的卵母细胞发育成熟，表明部分羽化于 9 月上旬的雌成虫仍未进入生殖休眠。在 25℃条件下保育 2～12 天后，羽化于 10 月上旬的 14～24 日龄雌成虫的卵母细胞均处于无卵黄沉积阶段。

表 5-2 25℃恒温条件下枯叶蛱蝶越冬雌成虫在适宜条件下的卵母细胞发育进程

试虫批次		日龄						
		12	14	16	18	20	22	24
9.8※	发育等级	**4**[1]/**2**[1]/**1**[8]	**4**[3]/**1**[7]	**4**[1]/**3**[1]/**2**[1]/**1**[7]	**4**[1]/**2**[1]/**1**[8]	**4**[1]/**2**[2]/**1**[7]	**4**[2]/**3**[1]/**2**[1]/**1**[6]	**4**[1]/**3**[1]/**2**[4]/**1**[4]
	样本量	10	10	10	10	10	10	10
	平均值☆	1.40±0.31	1.90±0.46	1.60±0.34	1.40±0.31	1.50±0.31	1.90±0.41	1.90±0.31
10.1#	发育等级	**1**[10]	**1**[11]	**1**[12]	**1**[10]	**1**[10]	**1**[10]	**1**[10]
	样本量	10	11	12	10	10	10	10
	平均值☆	1.00	1.00	1.00	1.00	1.00	1.00	1.00

※，9 月 8 日羽化，9 月 18 日到达昆明，次日保育在 25℃条件下；#，10 月 1 日羽化，10 月 12 日到达昆明，次日保育在 25 ℃条件下；☆，平均发育等级；“±”后的数字为标准误。

结果表明，羽化于 9 月上旬的绝大多数雌成虫及 10 月 1 日羽化的全部雌成虫，存在典型滞育特有的不应期，即其生殖细胞的发育并未即时响应适宜条件而迅速恢复。对比直接发育成虫在同等条件下的生殖发育进程，可以明确判定枯叶蛱蝶雌成虫的越冬生殖休眠是典型滞育，而非静息。

另外，枯叶蛱蝶越冬雄成虫与直接发育雄成虫的内生殖系统在精巢、附腺的大小及颜色上并无明显区别，且二者在羽化时精巢中均已具有成熟的精子，故而越冬雄成虫的休眠特性尚有待进一步研究。但越冬雄成虫羽化后停止求偶活动，大量摄食积累脂肪，停息时间远远高于夏季直接发育的雄成虫。这些都是其他昆虫中常见的滞育特征，据此推断，越冬雄成虫的生殖休眠仍属于滞育。

5.3　生殖休眠的发生期

5.3.1　休眠雌成虫的羽化日期

2006～2007 年，近自然实验种群中第 1 代雌成虫的生殖休眠发生率分别为 8.43%和 16.11%，第 2 代雌成虫休眠率分别为 56.79%和 78.79%，第 3 代雌成虫几乎全部进入休眠(表 5-3)。从 5 月下旬至 9 月上旬，实验雌成虫群体中当年完成繁殖的直接发育个体占据大部分。9 月中旬始，休眠个体所占比例逐渐上升，至 10 月上旬，实验种群中的所有雌成虫均为休眠个体。

表 5-3　2006～2007 年枯叶蛱蝶各代雌成虫的生殖休眠发生率

世代	年份	样本量/头	休眠个体数/头	休眠个体百分率/%	休眠成虫羽化日期
第 1 代	2006	249	21	8.43	5.30～6.15
	2007	149	24	16.11	5.26～7.8
第 2 代	2006	361	205	56.79	7.18～11.16
	2007	190	137	78.79	7.31～10.13
第 3 代	2006	157	156	99.36	8.31～11.30
	2007	93	93	100.00	9.9～10.5

2006 年第 1 代雌成虫中，休眠个体最早羽化于 5 月 30 日，即该代成虫羽化的初期。在总共 256 头正常雌成虫中，休眠雌成虫占 8.43%。休眠雌成虫的羽化日期近乎随机地分布在该代雌成虫的整个羽化期中(图 5-3)。

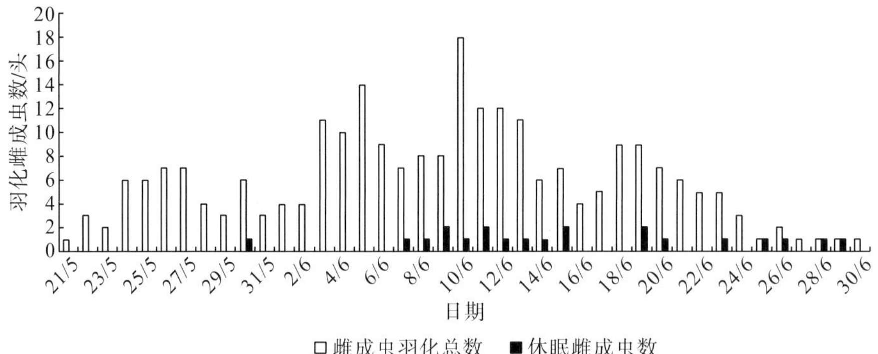

图 5-3　2006 年实验种群第 1 代休眠雌成虫的羽化日期分布

2007 年的实验种群第 1 代 163 头正常雌成虫中，休眠雌成虫占 16.11%。休眠个体最早羽化于 5 月 26 日，大多羽化于 6 月中旬以后，羽化日期的分布与 2006 年第 1 代中的情况类似(图 5-4)。

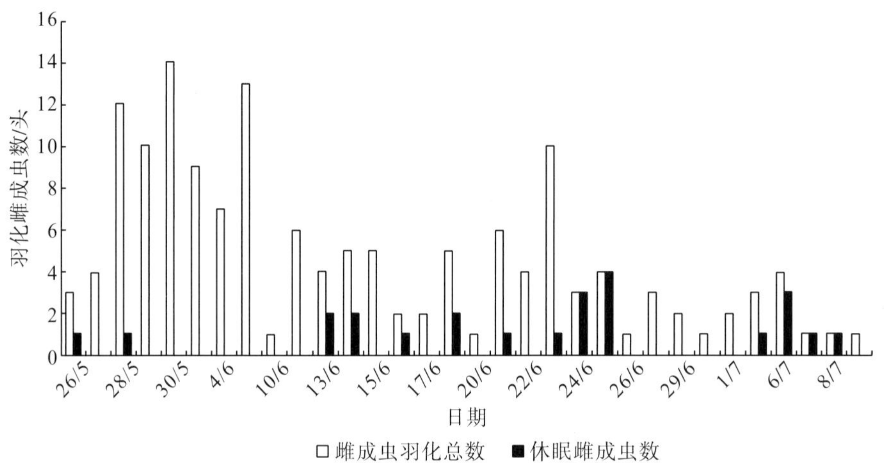

图 5-4　2007 年实验种群第 1 代休眠雌成虫的羽化日期分布

2006 年第 2 代中的休眠雌成虫占该代全部 405 头正常雌成虫的 56.79%。在 8 月 15 日前羽化的雌成虫中，休眠比率为 10.74%，同样不规则地分布于成虫羽化期内；8 月 16 日至 8 月 23 日羽化的雌成虫中，休眠个体占 51.11%；自 8 月 24 日始，所有新羽化的 166 头雌成虫均进入生殖休眠，仅 1 头雌成虫在稍后交配并产卵(图 5-5)。

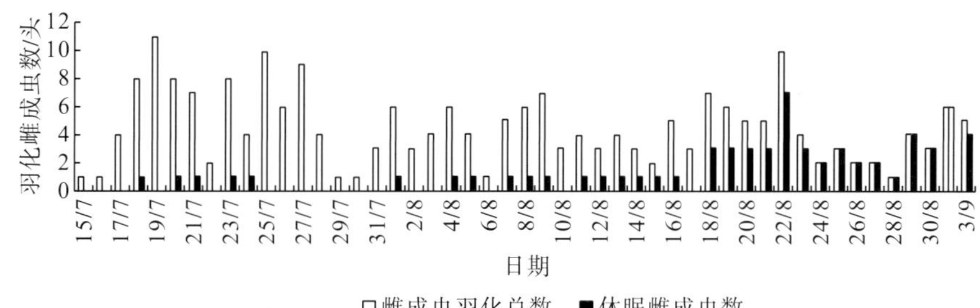

图 5-5　2006 年实验种群第 2 代休眠雌成虫的羽化日期分布(9 月 3 日前羽化)

2007 年第 2 代的 190 头正常雌成虫中，有 137 头进入生殖休眠，占 72.11%。其中，7 月 18 日至 8 月 9 日羽化的 53 头雌成虫，只有 7 头进入生殖休眠，占该期羽化雌成虫的 13.21%；8 月 10 日至 8 月 16 日羽化的 33 头雌成虫中，26 头进入生殖休眠，占该期羽化雌成虫的 78.79%，而 8 月 17 日后羽化的 104 头雌成虫全部进入生殖休眠。该年第 2 代雌成虫进入休眠的时间较 2006 年提早，休眠比例也显著增加(图 5-6)。

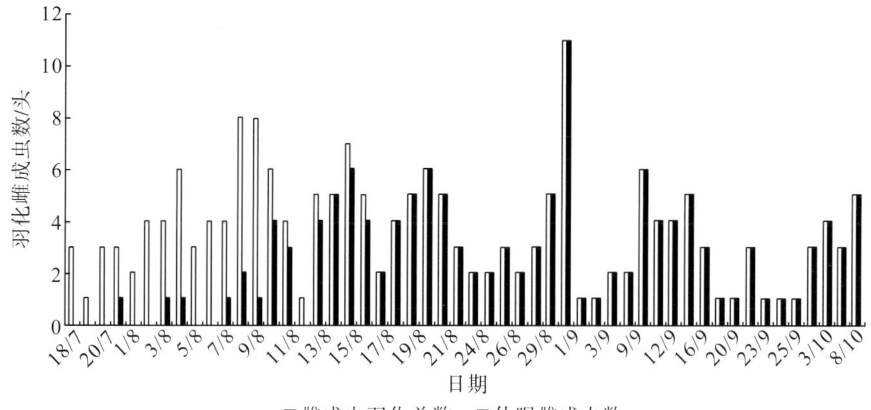

图 5-6　2007 年实验种群第 2 代休眠雌成虫的羽化日期分布

第 3 代雌成虫于 8 月下旬开始羽化，至 11 月下旬结束。在 2006 年的 173 头第 3 代正常雌成虫中，只有 1 头雌成虫发生交配，其余全部休眠，休眠个体占 99.36%。2007 年的 93 头第 3 代雌成虫全部休眠，未产下第 4 代卵。

雌成虫是否进入生殖休眠，与其所属的世代无关，而主要取决于羽化时间。

5.3.2　休眠期

将羽化于 2017 年 10 月 1 日的雌成虫放养在峨眉山近自然条件下的网室内，

从 2017 年 10 月上旬至 2018 年 1 月下旬，约每 15 天一次，解剖检查内生殖细胞发育状况。从 10 月 12 日到 12 月 27 日，共抽查了 6 批次总计 62 头雌成虫。除 1 头在 11 月 29 日解剖时被发现卵巢发育至 3 级外，其余个体的卵巢均处于 1 级发育状态(表 5-4)。2018 年 1 月 9 日和 1 月 22 日进行的两次取样检查中，均出现了 2 级发育个体。结果表明，在峨眉山当地自然条件下，在 1 月下旬以前，近自然种群中的绝大多数雌成虫均处于生殖休眠状态，但自 1 月上旬开始，部分个体已开始进行缓慢的生殖细胞发育。

表 5-4　枯叶蛱蝶近自然实验种群雌成虫越冬期间不同时期的自然生殖发育状态

	解剖检查日期								
	10.5	10.12	10.26	11.10	11.29	12.10	12.27	1.9	1.22
发育等级	**1**[12]	**1**[11]	**1**[11]	**1**[10]	**4**[1]**1**[9]	**1**[10]	**1**[10]	**2**[1]/**1**[9]	**2**[1]/**1**[9]
样本量	12	11	11	10	10	10	10	10	10
平均值※	1.00	1.00	1.00	1.00	1.30±0.30	1.00	1.00	1.10±0.10	1.10±0.10

※，平均发育等级；“±”后的数字为标准误。

5.4　越冬生殖休眠的自然进展

自 2017 年 10 月 3 日至 2018 年 1 月 21 日，约每 15 天一次，从羽化于 2017 年 9 月 30 日并放养保存在峨眉山近自然条件下的枯叶蛱蝶越冬雌成虫中，随机抽取约 10 头，在 25℃条件下保育不同时期后解剖。在自 10 月 4 日至 12 月 8 日期间的 5 次取样检查中，除第 4 次取样(试虫于 11 月 28 日寄出，11 月 29 日抵达实验室，在 25℃下保育 9 天后检查)中发现有 1 头个体的卵母细胞发育至 3 级外，其余试虫的卵巢均维持在 1 级发育状态(表 5-5)。结果表明，在 12 月上旬前，近自然实验种群中绝大多数雌成虫均处于滞育状态，但极个别的雌成虫要么最初并未进入滞育，要么其初始滞育强度较低，且这类个体能存活至 12 月上旬。

2017 年 12 月 28 日至 2018 年 1 月 20 日期间的 3 批次取样检查中，均有 50% 以上的试虫在保育 5 天后开始了卵母细胞中的卵黄沉积，且卵巢平均发育等级都呈现出随着保育日数的增加而升高的趋势。因此，在近自然实验种群中，大部分雌成虫的滞育在 12 月下旬已经解除或强度明显降低，在适宜条件下迅速或逐渐恢复生殖细胞发育。尽管如此，部分个体在 25℃下保育 10 天后仍未显示发育恢复迹象，体现了个体之间在滞育强度上存在差异。

表 5-5　枯叶蛱蝶雌成虫越冬期间不同时期的生殖发育对适宜条件的响应

试虫批次	解剖日期	成虫日龄/(保育时长)/天	发育等级	检查样本量/头	平均发育等级※
Ⅰ[A]	10.9	9/5	**1**[12]	12	1.00 d
	10.13	13/9	**1**[10]	10	1.00 d
	10.17	17/13	**1**[10]	10	1.00 d
	10.21	21/17	**1**[10]	10	1.00 d
Ⅱ[B]	10.30	30/5	**1**[10]	10	1.00 d
	11.3	34/9	**1**[10]	10	1.00 d
	11.7	38/13	**1**[11]	11	1.00 d
Ⅲ[C]	11.14	45/5	**1**[11]	11	1.00 d
	11.18	49/9	**1**[10]	10	1.00 d
	11.22	53/13	**1**[12]	12	1.00 d
Ⅳ[D]	12.3	64/5	**1**[10]	10	1.00 d
	12.7	68/9	**4**[2]/**1**[9]	11	1.55±0.38 cd
	12.10	71/12	**1**[10]	10	1.00 d
Ⅴ[E]	12.15	76/5	**1**[10]	10	1.00 d
	12.19	80/9	**1**[10]	10	1.00 d
	12.23	84/13	**1**[11]	11	1.00 d
Ⅵ[F]	12.31	92/5	**4**[1]/**2**[4]/**1**[5]	10	1.70±0.30 cd
	1.4	96/9	**4**[2]/**3**[2]/**2**[1]/**1**[2]	7	2.57±0.48 ab
	1.8	100/13	**4**[2]/**3**[1]/**2**[3]/**1**[2]	8	2.38±0.42 ab
Ⅶ[G]	1.13	105/5	**3**[3]/**2**[4]/**1**[3]	10	2.00±0.26 bc
	1.17	109/9	**4**[3]/**3**[1]/**2**[2]/**1**[1]	7	2.86±0.46 a
	1.21	113/13	**4**[4]/**3**[2]/**2**[2]/**1**[1]	9	3.00±0.37 a
Ⅷ[H]	1.25	117/4	**3**[2]/**2**[3]/**1**[5]	10	1.70±0.26 cd
	1.29	121/7	**4**[1]/**3**[3]/**2**[5]/**1**[1]	10	2.50±0.27 ab
	2.2	125/11	**4**[4]/**3**[1]/**2**[4]/**1**[1]	10	2.80±0.36 a

注：A，试虫羽化于 2017 年 9 月 30 日(后同)，于 2017 年 10 月 4 日到达实验室；B，试虫 10 月 25 日到达；C，试虫 11 月 9 日到达；D，试虫 11 月 29 日到达；E，试虫 12 月 9 日到达；F，试虫 12 月 26 日到达；G，试虫 1 月 8 日到达；H，试虫 1 月 21 日到达。

易传辉(2007)等曾根据 RNA、DNA 等滞育相关物质的含量变化，推断峨眉山枯叶蛱蝶越冬成虫在 12 月下旬开始解除滞育，与上述结论大体符合，表明根据生理生化指标对滞育进展进行阶段划分具有一定的合理性，也符合许多昆虫的冬季滞育在冬至(12 月下旬)前后开始解除的一般规律。

尽管大部分越冬雌成虫的滞育在 12 月下旬已经解除或接近解除，在适宜条件(25℃)下迅速恢复生殖发育，但在峨眉山当地自然条件下，由于此时环境低温的限制，雌成虫的卵巢并不能启动发育，至 1 月下旬时仍旧处于无卵黄沉积阶段。这时，越冬雌成虫的生殖休眠处于静息状态。然而，即便到了次年 1 月下旬，少数雌成虫在适宜条件下保育 10 天后仍未显示发育恢复迹象，表明个体之间在滞育强度上存在差异。

与夏季的直接发育雌成虫相比较，越冬期间，休眠成虫的含水量和总蛋白质含量较低，海藻糖、糖原和脂肪含量均大幅上升，RNA 含量下降，DNA 含量上升。滞育期间，成虫体内可能产生了包括抗冻蛋白在内的多种滞育关联蛋白。

5.5 生殖休眠的诱发条件及敏感虫期

短光照和低温都可以在羽化初期诱发枯叶蛱蝶雌成虫的生殖滞育。在秋季，逐渐变短的日照时长和逐渐降低的气温，向枯叶蛱蝶预示着冬季即将到来，需要为即将到来的寒冷、自身及后代食物匮乏的漫长日子做准备了。这种提示未来环境条件即将恶化的信号被称为“标志性信号”，足以诱导种群中 50%个体进入滞育的信号条件，则被称为诱发滞育的临界条件，如临界光周期、临界温度等。枯叶蛱蝶接受标志性环境信号刺激，内在地将直接发育途径切换为滞育生理模式的虫期，即为其敏感虫期。已在其他具有生殖休眠特性的昆虫中发现，特定的滞育诱发条件作用于成虫的脑部，通过改变其基因表达模式，令脑神经分泌细胞停止分泌刺激咽侧体活性的神经肽，致使咽侧体停止分泌保幼激素。缺乏了保幼激素，卵黄合成停止，卵母细胞不能继续发育，从而导致成虫生殖细胞发育中止。

在 2 台气候箱中分别设置长/短光周期(L∶D=15∶9/L∶D=11∶13，温度恒定为 24℃、湿度恒定为 70%RH)，在另 2 台气候箱中则分别设置高/低温条件(24℃/20℃，光周期恒定为 L∶D=13∶11、湿度恒定为 70%RH)。将枯叶蛱蝶的卵及其后的 1～3 龄幼虫、4～5 龄幼虫、蛹和 0～7 日龄成虫，在不同阶段接受前述高/低条件处理(表 5-6，表 5-7)。成虫羽化后在原气候箱内保育至 7 日龄，8～17 日龄成虫转至 25℃(L∶D=15∶9)气候室内喂养，解剖检查 18 日龄雌成虫的生殖细胞发育情况。

表 5-6　24℃时枯叶蛱蝶各虫期接受长/短光照处理后的滞育发生率

处理编号(T)	虫期					发育等级		滞育率△/%	样本量/头
	卵	1~3龄幼虫	4~5龄幼虫	蛹	0~7日龄成虫	等级分布#	平均等级※		
1	L	S	S	S	S	**4**[1]**1**[11]	1.25±0.25c	91.67	12
2	L	L	S	S	S	**4**[1]**1**[9]	1.30±0.30c	90.00	10
3	L	L	L	S	S	**4**[1]**3**[1]**1**[9]	1.45±0.31c	81.82	11
4	L	L	L	L	S	**4**[1]**3**[1]**1**[8]	1.50±0.34c	80.00	10
5	L	L	L	L	L	**4**[7]**3**[1]**1**[2]	3.30±0.40ab	20.00	10
6	S	L	L	L	L	**4**[7]**3**[3]	3.70±0.15a	0	10
7	S	S	L	L	L	**4**[7]**3**[3]	3.70±0.15a	0	10
8	S	S	S	L	L	**4**[12]**3**[6]**2**[2]	3.50±0.15a	0	20
9	S	S	S	S	L	**4**[3]**3**[4]**1**[3]	2.70±0.40b	30.00	10
10	S	S	S	S	S	**1**[9]	1.00c	100.00	9

注：L，长光照(L∶D=15∶9)；S，短光照(L∶D=11∶13)；#，方括号前的粗体数字代表卵母细胞发育级别，括号内数字表示该发育级别的个体数量；※，“±”前为加权平均值，后为标准误；△，严格滞育率，即仅将解剖检查时卵巢发育为 1 级的个体作为滞育个体；同列标有相同字母的表示差异不显著。

表 5-7　L∶D=13∶11 条件下枯叶蛱蝶各虫期接受高/低温度处理后的滞育发生率

处理编号(t)	虫期					发育等级		滞育率△/%	样本量/头
	卵	1~3龄幼虫	4~5龄幼虫	蛹	0~7日龄成虫	等级分布#	平均等级※		
1	h	l	l	l	l	**1**[10]	1.00c	100.00	10
2	h	h	l	l	l	**1**[12]	1.00c	100.00	12
3	h	h	h	l	l	**4**[1]**1**[11]	1.25±0.25c	91.67	12
4	h	h	h	h	l	**1**[10]	1.00c	100.00	10
5	h	h	h	h	h	**4**[9]**1**[1]	3.70±0.30a	10.00	10
6	l	h	h	h	h	**4**[7]**2**[3]**1**[1]	3.18±0.35a	9.09	11
7	l	l	h	h	h	**4**[5]**3**[6]**1**[2]	3.07±0.29a	15.38	13
8	l	l	l	h	h	**4**[9]**1**[2]	3.45±0.37a	18.18	11
9	l	l	l	l	h	**4**[2]**3**[3]**1**[4]	2.33±0.44b	44.44	9
10	l	l	l	l	l	**1**[11]	1.00c	100.00	11

注：h，24℃；l，20℃；#，方括号前的粗体数字，代表卵母细胞发育级别，括号内数字表示该发育级别的个体数量；※，“±”前为加权平均值，后为标准误；△，严格滞育率，即仅将解剖检查时卵巢发育为 1 级的个体作为滞育个体；同列标有相同字母的表示差异不显著。

从表 5-6 中的数据可以看出，在中等温度条件下(24℃)：

(1)不同光周期处理时，雌成虫卵母细胞平均发育等级和滞育率均存在显著差异($F_{9,103}$=19.197，P<0.01)。

(2)全虫期经历长光照(T_5)的平均发育等级(3.30±0.40，n=10)显著高于全虫期经历短光照(T_{10})的平均发育等级(1.00，n=9)；全虫期经历长光照(T_5)的滞育率(20.00%)，显著低于全虫期经历短光照(T_{10})的滞育率(100%)。据此，短光照诱发成虫生殖滞育。

(3)无论卵至幼虫的部分或全期的光周期经历，蛹至 7 日龄成虫经历长光照处理($T_{5\sim8}$)，雌成虫平均发育等级为 3.30±0.40～3.70±0.15(n=10～20)，均显著高于蛹至 7 日龄成虫经历短光照处理($T_{1\sim3,\ 10}$)的雌成虫平均发育等级(1.00～1.45±0.31，n=9～12)；无论卵和幼虫期的光周期经历，蛹至 7 日龄成虫经历长光照处理($T_{5\sim8}$)，雌成虫滞育率为 0～20.00%，均显著低于蛹至 7 日龄成虫经历短光照处理($T_{1\sim3,\ 10}$)的滞育率(81.82%～100%)；无论卵巢的平均发育等级或是滞育率，在两组处理的内部各处理间，均不存在显著差异。据此，光周期敏感虫期为成虫羽化初期和/或蛹期，而卵及整个幼虫期均非敏感虫期。

(4)仅 0～7 日龄成虫经历短光照处理，其余虫期均接受长光照条件(T_4)，卵巢平均发育等级(1.50±0.34，n=10)显著低于成虫期长光照经历的各处理(无论卵至蛹期的部分或全期的光照经历)($T_{5\sim9}$)，而滞育率(80.00%，n=10)显著高于成虫期长光照经历各处理；仅 0～7 日龄成虫经历长光照处理，而其余虫期均接受短光照条件(T_9)，平均发育等级(2.70±0.40，n=10)显著高于成虫期短光照经历各处理(无论卵至蛹期的部分或全期的光照经历)($T_{1\sim4,\ 10}$)，而滞育率(30.00%，n=10)显著低于成虫期短光照经历各处理($T_{1\sim4,\ 10}$)。结果表明，成虫羽化初期对光照敏感，短光照(L∶D=11∶13)可在此期诱发成虫滞育。

(5)根据实验结果，尚难对蛹期的光照敏感性定论。首先，蛹期经历长光照而成虫期经历短光照，卵巢平均发育等级为 1.50±0.34(n=10)，滞育率 80.00%，与蛹-成虫期均经历短光照各处理的平均发育等级和滞育率均无显著差异，显示 0～7 日龄成虫对光照时长的敏感性在枯叶蛱蝶生殖滞育的光周期诱发中起决定作用，而在实验设定的光照时长下，蛹期经历的长光照不足以影响成虫期短光照的滞育诱发作用。其次，蛹期经历短光照而仅成虫期经历长光照，卵巢发育等级(2.70±0.40，n=10)明显低于蛹-成虫期均经历长光照各处理，滞育率(30.00%)明显高于蛹-成虫期均经历长光照各处理。且蛹期经历长光照卵巢平均发育等级显著低于蛹期经历短光照，而成虫期经历短光照的滞育率(80%)则显著高于成虫期经历长光照的滞育率(30.00%)。结果显示，蛹期的短光照经历抑制了成虫生殖发育，有利于滞育的诱发，蛹期或也为枯叶蛱蝶生殖滞育的光敏感虫期(对实验设定的短光照时长敏感)。

从表 5-7 中的数据可以看出，在中等光照时长(L∶D = 13∶11)下：

(1)不同温度处理间，雌成虫卵母细胞的平均发育等级和滞育率均存在显著差异($F_{9,99} = 20.308$，$P<0.01$)。

(2)全虫期经历高温(t_5)的平均发育等级(3.70±0.30，n = 10)显著高于全虫期经历低温(t_{10})的平均发育等级(1.00，n = 11)；全虫期经历高温(t_5)的滞育率(10.00%)显著低于全虫期经历短光照(t_{10})的滞育率(100%)。据此认为，低温诱发成虫生殖滞育。

(3)无论卵至幼虫的部分或全期的温度经历，蛹至 7 日龄成虫经历高温处理($t_{5\sim8}$)，雌成虫卵巢平均发育等级为 3.07±0.29～3.70±0.30(n = 10～13)，均显著高于蛹至 7 日龄成虫经历低温处理($t_{1\sim3,10}$)的雌成虫平均发育等级(1.00～1.25±0.25，n = 10～12)；无论卵和幼虫期的温度经历，蛹至 7 日龄成虫经历高温处理($t_{5\sim8}$)，雌成虫滞育率为 9.09%～18.18%，均显著低于蛹至 7 日龄成虫经历低温处理($t_{1\sim3,10}$)的滞育率(91.67%～100%)；无论卵巢的平均发育等级或是滞育率，在这两组处理的内部各处理间，均不存在显著差异。据此，温度敏感虫期为成虫羽化初期和/或蛹期，而卵及整个幼虫期均非敏感虫期。

(4)仅 0～7 日龄成虫经历低温处理，而其余虫期经历高温条件(t_4)，卵巢平均发育等级(1.00，n = 10)显著低于成虫期高温经历的各处理(无论卵至蛹期的部分或全期的温度经历)($t_{5\sim9}$)，而滞育率(100.00%，n = 10)显著高于成虫期高温经历各处理；仅 0～7 日龄成虫经历高温处理，而其余虫期经历低温条件(t_9)，平均发育等级(2.33±0.44，n = 9)显著高于成虫期低温经历各处理(无论卵至蛹期的部分或全期的温度经历)($t_{1\sim4,10}$)，而滞育率(44.44%，n = 9)显著低于成虫期低温经历各处理($t_{1\sim4,10}$)。结果表明，成虫羽化初期对低温敏感，较低的温度(20℃)可在此期诱发成虫滞育。

(5)根据实验结果，尚难对蛹期的低温敏感性定论。首先，蛹期经历高温而成虫期经历低温，卵巢平均发育等级为 1.00(n = 9)，滞育率 100.00%，与蛹-成虫期均经历低温各处理的平均发育等级和滞育率均无显著差异。结果显示，蛹期非温度敏感虫期或非主要的温度敏感虫期，0～7 日龄成虫的敏感性在枯叶蛱蝶生殖滞育的低温诱发中起决定性作用。或者也可解释为，在本实验设定的温度条件下，蛹期经历的高温不足以影响成虫期低温的滞育诱发作用。第二，蛹期经历低温而仅成虫期经历高温，卵巢发育等级(2.33±0.44，n = 9)明显低于蛹-成虫期均经历高温各处理，滞育率(44.44%)明显高于蛹-成虫期均经历高温各处理。且成虫期经历低温处理的卵巢平均发育等级显著低于蛹期经历低温而成虫期经历高温的卵巢发育等级，成虫期经历低温处理的滞育率则显著高于成虫期经历高温的滞育率(44.44%)。蛹期的低温经历抑制了成虫生殖发育，有利于滞育的诱发，结果显示，蛹期或也为枯叶蛱蝶生殖滞育的低温敏感虫期。

由此可见，短光照和低温均可诱导枯叶蛱蝶雌成虫生殖滞育的发生，成虫羽化初期(0～7 日龄)对两种诱导条件均敏感，而整个 1～5 龄幼虫期对短光照和低温皆不敏感，但蛹期是否敏感尚待进一步确认。

易传辉(2007)等测算，诱发枯叶蛱蝶生殖休眠的临界光周期，在 20℃时为 L：D=14h19min：9h41min，25℃时为 L：D=13h22min：10h38min，在 20～30℃和 11～15h 光照内，温度和光周期都是影响滞育发生的主要因素，但光周期的影响略小于温度。随着环境温度的上升，临界光周期缩短。枯叶蛱蝶属长日照发育型、短日照滞育型昆虫。

诱导枯叶蛱蝶雌成虫进入生殖滞育的因素，或许并不仅限于光周期和温度，因为尽管成虫的滞育主要发生在立秋以后(冬季滞育)，但也有少量个体的滞育发生在初夏(夏季滞育)。对于秋季进入滞育的个体，这种依赖环境信号提示决定是否及何时开始休眠的滞育类型，属于兼性滞育。而少数个体的夏季滞育，究竟是属于遗传决定的“专性滞育”(无论环境条件如何，具有这种遗传特质的个体都自发地中止生殖发育)，亦或存在其他目前未知的滞育诱导因素，有待进一步查明。

5.6 生殖休眠的适应意义

在 2006 年和 2007 年两年的观察中，立秋(通常为 8 月 7 日或 8 日)至处暑(通常为 8 月 22 日或 23 日)之间羽化的雌成虫中，开始出现大量的休眠个体，而处暑后羽化的雌成虫则几乎全部进入生殖休眠。也就是说，许多雌成虫的休眠早在立秋以后即已开始，而在此后的近 2 个月时间中，气温条件完全适宜于卵、幼虫和蛹等幼期虫态的发育，寄主植物叶片也适宜幼虫取食。既如此，我们不禁要问，枯叶蛱蝶成虫的生殖休眠是否过早了些？8 月下旬羽化的雌成虫为何不努力再繁殖一个世代？答案也许在于：时间紧迫及秋季天气的不确定性。

初秋即开始休眠，保障了成虫有充足的时间准备越冬期间所需的物质和能量储备，同时，也规避了可能发生的当年繁殖失败的风险。峨眉山地处川西多雨多雾地区，当地常见的秋季连阴雨极不利于成虫产卵。晚秋和初冬可能发生的过早降温，也会造成 9 月上旬后产出的卵发育成的蛹在 12 月上旬后不能羽化，或这些蛹羽化出的成虫没有充足时间完成越冬期间所需的能量储备而在越冬期间死亡。因此，提早休眠对于种群的生存整体上利大于弊。休眠成虫在完成营养积累后活动即大为减少，越冬期间只是偶尔取食，大大降低了被捕食者发现和遭到捕食的机会。次年春季，幼期虫态的捕食性和寄生性天敌都远较秋季为少，幼期存活概率远较秋季为高，因而秋季羽化的成虫将其繁殖活动推迟至来年春季是十分明智的选择。

最早在 5 月下旬，即第 1 代成虫的羽化初期，实验种群中便有极少数雌雄个体进入生殖休眠。目前尚无资料表明这种情形是否也存在于自然种群中。倘若这种早期休眠现象也存在于野生种群中，可以将其解释为枯叶蛱蝶的一种“两头下注”的生活史对策。由于野外天敌众多，枯叶蛱蝶在夏季的繁殖也面临一定的风险，如连续的雨天不利于成虫产卵及幼期天敌危害严重等。气候的年际间变化及天敌种群的波动都是难以预见的。在早期成虫群体中分化出部分个体不参与当年繁殖，可以在夏季繁殖失败的极端情况下，为种群的延续增加了一道保险，但前提是这些早期休眠个体凭借其枯叶伪装及休眠期间的静伏状态有效地躲开了捕食者。

第 6 章　野生种群保育

枯叶蛱蝶是一种典型的森林内部栖息昆虫，以保存良好的天然原生/次生常绿阔叶林为主要生境。枯叶蛱蝶的生境需求包括适温、水、荫蔽场所、寄主植物、补充营养、产卵场所及其他生境空间。峨眉山野生枯叶蛱蝶种群面临的主要威胁是人类活动造成的生境破坏及杀虫剂污染。近二十年来，旅游开发、茶果栽培、人工林业及城镇化，严重破坏了枯叶蛱蝶的栖息地，致野生种群数量持续下降，已在其大部分历史核心分布区内濒于绝迹。作为一种在当地颇具代表性的旅游动物资源，峨眉山野生枯叶蛱蝶种群的保护迫在眉睫。枯叶蛱蝶具有旗舰物种价值，在保护枯叶蛱蝶的同时，也保护了区域内其他珍稀无脊椎动物类群。

6.1　峨眉山区枯叶蛱蝶野生种群的分布和数量

6.1.1　区域自然地理概况

本章中所说的峨眉山区，大致位于 N29°20′～29°92′、E103°22′～103°67′，青衣江以南，大渡河大转弯前段以北，花溪河-弓背山-黑山埂以东，大渡河大转弯后段以西，而非仅限于广为公众熟知的峨眉山风景区（图 6-1）。本区位于四川盆地的西南边缘，区域内地形以峨眉山脉的中低山区为主体，东北部有面积不大的冲积平原和浅丘地带。峨眉山脉属川西邛崃山脉南段余脉的一部分，总体上呈西北-东南走向，东北与川西平原接壤，西南隔大渡河与小凉山相望，是四川盆地在此向川西高山峡谷的过渡地带。作者开展枯叶蛱蝶野外种群调查的区域南北长约 90km，东西宽约 50km，区域北部、西部、南部和东南部为深度切割的山地地形，由西北向东南主要由大峨山、二峨山、三峨山和四峨山等 4 座山峰及其周边山地组成。区内最高海拔 3099 米（大峨山万佛顶），高出山脚平原 2600 多米。

以大峨山主峰、土地关和龙池河一线为界，可将调查区域大致分为西北部、东北部和东南部三个区域。西北部山区（即大峨山区）主要位于乐山市峨眉山市境内，其东北部属于乐山市夹江县，西北部属于眉山市洪雅县，南部一角属峨边彝族自治县新场乡。区内有峨眉山风景旅游区，部分区域的天然植被保护良好。大峨山主峰以北，地势由南向北渐降至青衣江江边平坝；大峨山主峰以南，地势剧降至大渡河谷。东南部山区的西部位于峨眉山市境内，东部位于乐山市沙湾区境内，包括二峨山(1909m)、三峨山(2027m)和四峨山(1256m)等 3 座较小的山体，临大渡河下游河谷，地势陡峭，溪流湍急，多柳杉、桉树和竹类等人工林，原生植被破坏较为严重。区域的东北部，为一小片海拔仅 400 余米的冲积平原和浅丘。

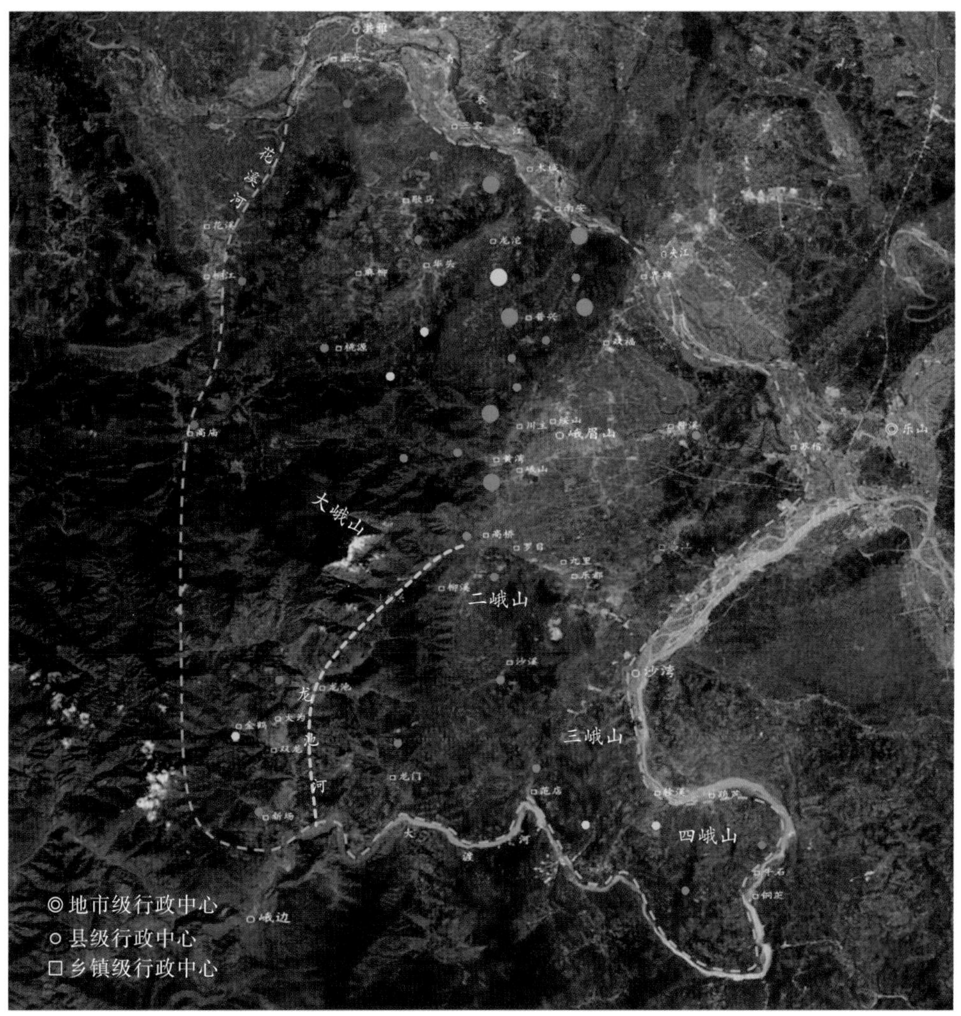

图 6-1　野生枯叶蛱蝶种群调查区域卫星地图及调查地点分布

大型红斑：1993~1997 年、2014～2016 年和 2018~2019 年三期调查地点；•小型红斑：1993～1997 年和 2014～2016 年两期调查地点；• 大青圆斑：2014～2016 年和 2018~2019 年两期调查地点；• 小青圆斑：仅 2014~2016 年调查地点；• 小粉红圆斑：仅 1993～1997 年调查地点；青色点线为区域的东西分界线，点线以西和北为大峨山区，以东为东南部区域。

该区总体上属中亚热带湿润性季风性气候，但气候和植被的垂直变化明显。例如，在大峨山区，从山麓至山顶依次由常绿阔叶林、常绿-落叶阔叶混交林、针阔叶混交林和亚高山针叶林构成了完整的亚热带山地森林垂直带谱，气候带上则分别呈现出中亚热带、暖温带、温带和寒温带等气候类型。山麓年平均气温为16～18℃，一月平均气温约7℃，最低气温约-4℃；七月平均气温约26℃，极端最高温可达41℃，年无霜期在300天以上。峨眉山区位于华西多雨带，年均降雨量1300～1600mm，年平均湿度约85%。本区降雨量大，降雨日数也多，以秋季连阴雨最为显著。夏秋季雨量约占全年的80%，冬春季只占20%左右。年均日照时数约1000小时，日照百分率约20%，属全国低值区。暴雨和大风等是夏季常出现的灾害天气，冬季则多大雾。春季来临早但天气不稳定是当地的另一大气候特点。3月中旬至4月中旬，连续4天日均温≤12℃的低温发生频率在60%以上。

区域内河流众多，仅在峨眉山市境内，即有峨眉河、临江河、龙池河、石河和花溪河等5条主要河流。这些河流分属大渡河和青衣江水系，各自发源于附近山峰、向上游作树枝状分枝，形成无数宽度、长度和深度各异的山谷溪涧。在这些山涧中一些地势平缓和天然植被保存良好的地段，尚生长有成片的枯叶蛱蝶寄主植物球花马蓝，这就是目前峨眉山枯叶蛱蝶的残余栖息地所在。沿着这些水系，循着寄主植物踪迹，在林缘小道走动，或在溪谷出口的桥头、路边守候，基本能摸清一个地段或地域内有无枯叶蛱蝶分布及其大约数量。

6.1.2 历史及现今种群分布和数量

1. 调查方法

1993～1997年，在四川省农牧厅资助下，四川省乐山市农牧科学研究所(现名乐山市农业科学研究院)曾组织力量对峨眉山区野生枯叶蛱蝶的种群分布和数量进行了全面调查。由于峨眉山蝴蝶区系在我国中亚热带地区颇具代表性及枯叶蛱蝶重要的科学研究和科普教育价值，2014～2016年，中国林业科学研究院资源昆虫研究所蝴蝶课题组再次对该区枯叶蛱蝶野生种群的分布和数量开展了系统复查。复查结果令课题组成员十分震惊，区域内野生枯叶蛱蝶的分布区和种群数量已降至令人难以置信的程度，在许多历史核心分布区内几近绝迹。2018～2019年，课题组继续对部分重点地域进行了跟踪监测，并打算今后将此项工作持续开展下去。

峨眉山区属深切中山区，调查区域内层峦叠嶂、沟谷纵横，山高、谷深、沟长，绝大多数山谷向上延伸，几近分水岭脊。在南北长约90km、东西宽约50km的广大范围内，如此众多的山谷中，开展拉网式搜索调查野生枯叶蛱蝶的种群数量是很难做到的。在1993～1994年的初期调查中，主要采用分区标本采集的方式，大致摸清了枯叶蛱蝶在峨眉山区的分布范围及核心分布区。根据初步调查结果，

1995～1997 年，乐山市农牧科学研究所研究人员采用线路观察法，对区域内野生枯叶蛱蝶种群的分布和数量进行了详细调查。调查范围涵盖了大峨山、二峨山、三峨山和四峨山区，但侧重在土地关以北的西北部核心分布区(图 6-1)。

调查区域主要以水系而非行政区域或山区面积划分。每一条直接开口于临近平原或边缘河谷的河流和小溪，无论其流量大小，都被作为一个独立水系对待。由于寄主植物是野外枯叶蛱蝶种群存在的必要前提，调查人员沿着各条水系的各级支流而上，根据植被特征搜寻寄主植物。若在一条水系及其上游支流谷地中发现有大片寄主植物分布，则将该处作为备选适宜调查地点记录在案。对于流域面积较大的水系，需要在其主要一级支流沿线选择 2 个或更多的备选地。若未能在某条水系流域发现有大量寄主植物分布，则该水系流域被整体排除在调查区域之外。

野外发现的枯叶蛱蝶寄主植物几乎都生长在有一定土壤条件的山谷溪沟荫湿地带，这些地带通常为天然次生常绿阔叶林覆盖。在海拔 1200m 以上，以及海拔 1200m 以下陡峭山崖地带、传统农作物地、中药材种植地、果园、茶园和人工用材林内部或周边，寄主植物均十分少见(峨眉山区枯叶蛱蝶寄主植物分布的海拔上限，已知在大峨山北坡先峰寺附近沟谷中，海拔约 1600m)。因此，我们选择的调查地点均为海拔 1200m 以下、天然阔叶林植被覆盖率在 50%以上、长度超过 1km 且有较大数量寄主植物分布的沟谷。即便如此，限于人力物力，调查地点也无法覆盖全部主要生境，故而有关枯叶蛱蝶野外种群分布和数量的估测仍是较为粗略的。

根据植被条件和寄主植物分布确定备选调查地点名单后，再根据当地交通条件、辅助调查人员有无及调查点的区域均衡分布需要最终选定调查地点。1995～1997 年的调查地点包括：眉山市洪雅县(时属乐山市)止戈镇青岗坪村、三宝镇苦竹村、柳江镇两河村、高庙镇花源村和桃源乡画林村；乐山市夹江县界牌镇郭沟村、南安乡马沟村、木城镇大旗村和歇马乡幸福村；乐山市峨眉山市黄湾镇大峨村、龙门村和报国村、川主乡顺河村、绥山镇大庙村和麻柳村、双福镇小河村、普兴乡福利村和仙芽村、高桥镇福田村、罗目镇刘山村、龙池镇富有村、龙门乡王山村、沙溪乡兴宏村及符溪镇黑桥村；峨边彝族自治县新场乡新凤村；乐山市市中区临江镇稻香村；沙湾区范店乡田兴村、葫芦镇徐沟村和牛石镇白云村。2014～2016 年，与 20 世纪 90 年代相比，山区的交通条件已经有了巨大改观，故而在该期的调查中新增了若干调查地点，同时也放弃了几个早期调查中罕见有枯叶蛱蝶分布或适宜生境已基本消失的地点。新增调查地点为：乐山市夹江县龙沱乡三合村和华头镇沙坝村；峨眉山市川主乡杨河村和金鹤乡中坪村；沙湾区龚嘴镇刘沟村和轸溪乡双山村。2018～2019 年，资源昆虫研究所蝴蝶课题组对部分重点地域进行了后续跟踪监测，主要地点在：夹江县木城镇大旗村、龙沱乡三合村及南安乡马沟村；峨眉山市双福镇小河村、普兴乡福利村、川主乡顺河村及黄湾镇报国村。

在最终确定并开展了调查工作的地点，均是在适宜生境内沿乡村公路、林区道路或山区小路选取一段长度为 1～1.5km 的路径作为调查线路，每条线路均包含有至少 2 个雄成虫喜好守候的溪谷出口。在晴朗或多云天气 10:00～12:00 时段，调查者沿指定线路、以约 3km/h 的时速来回步行两趟(每小时一个来回)，观察线路两旁有无飞行、日光浴或产卵等活动的成虫。其余时间，调查人员则守候在雄成虫喜好等候雌蝶的溪谷出口，观察有无成虫出现。对于飞行产卵中的雌成虫或扩散中的雄成虫，这种调查方法存在重复记载的可能，但在种群密度很低的情况下，调查中遗漏的可能性更高。

在 1995～1997 年的调查中，调查自每年 7 月 1 日开始至当年 8 月 31 日结束，每个地点每年调查 8 天，每月调查 4 天。只要天气许可，各点均每周安排一次调查。2014～2016 年，每年的调查日期为 6 月 20 日至 9 月 20 日，每个地点每年调查 12 天，每 30 天中调查 4 天。在 2018～2019 年，每年调查时期为 6 月 20 日至 8 月 20 日，每个地点每 15 天中只调查 1 天，全年每点调查 4 天。调查工作仅在晴朗或多云天气进行，阴天和雨天停止。

在 1995～1997 年及 2014～2016 年的两次调查中，每次调查期间累计发现有 2 次及以上成虫的调查点被划入野外种群的分布区，无论这些成虫被发现于同一年内或不同年份。3 年中仅发现有 1 次的调查点则被排除在分布区以外，这类偶然发生的极少数个体被视作远途扩散过程中迷失方向的“迷蝶”。年均记录成虫在 20 次以上(含 20 次)的地点被划入核心分布区，10～19 次的地点被划入次核心区，1～9 次的地点被划为边缘分布区。需要说明的是，对一些课题组人员未能去到而当地居民反映曾经发现有枯叶蛱蝶成虫分布的地点，我们根据人们讲述的情况，酌情将这些地点划入不同级别的分布区内。

参与野外调查的人员包括两类，一类为研究机构的专业研究人员，另一类为调查点当地居住的业余调查人员。1995～1997 年，共有 5 名乐山市农牧科学研究所研究人员参与调查；2014～2016 年，共有 3 名资源昆虫研究所研究人员参与调查；2018～2019 年的调查由 2 名课题组成员完成。

2. 历史种群分布和数量

20 世纪 90 年代的调查结果显示，其时枯叶蛱蝶广布峨眉山区，核心分布区大致位于峨眉山市高桥以北，峨眉山市峨山镇、绥山镇、双福镇和夹江县界牌镇一线以西，青衣江以南，夹江县歇马乡、麻柳乡和洪雅县桃源乡一线以东，海拔 1200m 以下的丘陵地带，而在高桥以南的大峨山南坡和东南部二峨山、三峨山及四峨山区仅有零星分布，数量远较西北部区域为少(图 6-2)。这个时期，在峨眉山市的双福、绥山和峨山等镇的平坝地区也常见有枯叶蛱蝶活动，少数个体甚至飞到符溪、胜利和燕岗等场镇的集市上取食。

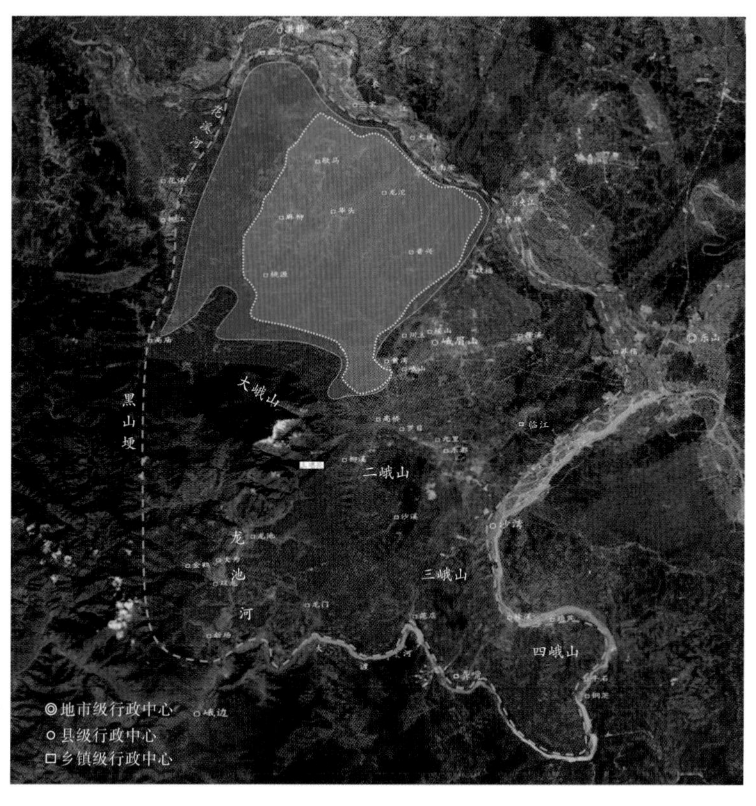

年记录成虫数量≥20头　年记录成虫数量10–19头　年记录成虫数量1–9头

图 6-2　1995～1997 年峨眉山野生枯叶蛱蝶种群分布略图

注：填充颜色的深浅代表枯叶蛱蝶野生种群的密度，颜色越深密度越大；无填充色区域为非野外种群分布区。从图中可见，峨眉山野生枯叶蛱蝶的核心分布区位于大峨山东坡和北坡直至山麓平原边缘和青衣江畔的低山丘陵地区，而大峨山南坡、二峨山、三峨山及四峨山区种群密度极低。

野生成虫主要见于天然次生常绿阔叶林的沟谷地带，而马尾松针叶林、传统农地、柳杉林、药材种植地、茶园、果园、灌丛草地和山区居民点附近均较少见到成虫活动。但竹林在人工林中是例外，在黄湾镇报国村、界牌镇郭沟村和普兴乡福利村等地的慈竹、斑竹或楠竹林内，都能见到不少成虫栖息。或是因竹林内部群落结构相对简单，既能提供遮荫的环境，又具有成虫飞行所需的足够空间。

大峨山南坡及二峨山、三峨山和四峨山区枯叶蛱蝶种群很小，主要的原因可能在于，这些地区地势陡峭、水土流失严重，导致低海拔沟谷地带土壤条件较差，寄主植物难以生长。另外，这些山区适宜耕作的土地相对缺乏，导致水土条件较好的平缓坡地被过度开垦，以及经济林栽植较多，也可能是枯叶蛱蝶数量低的重要原因。而在大峨山北部，坡地相对平缓，沟谷众多，十分适宜于天然常绿阔叶林发育和枯叶蛱蝶寄主植物的生长。该区可利用土地也较多，虽然绝大多数平缓坡地当时也被开垦，但在许多水肥条件皆优的深谷地带，仍有大量的次生常绿阔叶林连同林下的寄主植物被较好地保存了下来。尽管各处生境的质量也参差不齐，但总体上适宜生境斑块之间距离并不遥远，枯叶蛱蝶成虫可以在大多数斑块之间轻松迁移。因此，当时整个大峨山北部区域可被视为一个适宜于枯叶蛱蝶生存繁殖的生境大陆。

3. 现今种群分布和数量

2014～2016 年，采用了与 20 世纪 90 年代同样的方法，在基本相同的地域和许多相同的地点，资源昆虫研究所蝴蝶课题组对峨眉山区枯叶蛱蝶野生种群分布和数量再次进行了调查。本次调查发现，野生枯叶蛱蝶在峨眉山区的分布已缩小至不到 20 世纪 90 年代中期的 20%(图 6-3)，区域内野生种群的个体数量已降至极低的水平，部分种群存在灭绝的风险。每年均发现有枯叶蛱蝶成虫的调查点均位于大峨山东坡和东北部丘陵区(表 6-1)。种群密度最大的地点为黄湾镇报国村和普兴乡福利

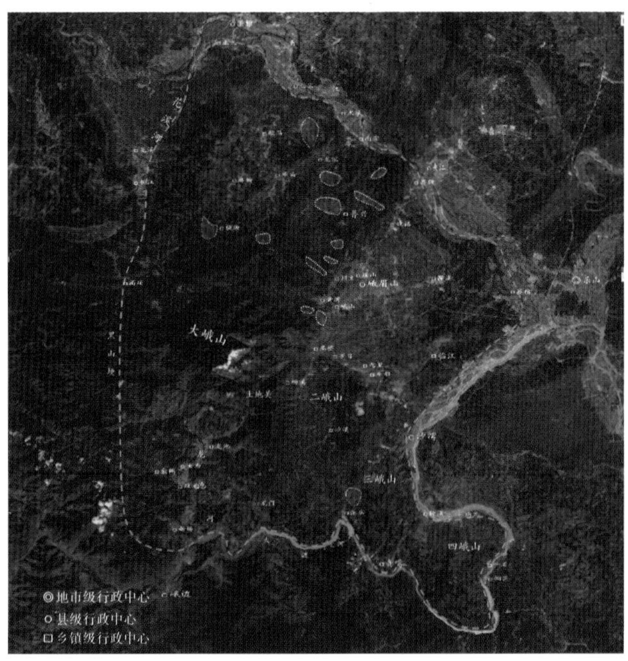

图 6-3　2014～2016 年峨眉山野生枯叶蛱蝶种群分布略图

注：2014～2016 年，每年均发现有枯叶蛱蝶成虫的调查点主要位于大峨山东坡和东北坡狭小地带，另在洪雅县桃源乡画林村、峨眉山市川主乡杨河村及沙湾区范店乡调查点也每年均有发现。

村，其次为黄湾镇大峨村和龙门村。在洪雅县三宝镇苦竹村、夹江县歇马乡幸福村及夹江县华头镇沙坝村三地，三年中均未发现有枯叶蛱蝶；除了 2014～2015 年在沙湾区范店乡田兴村调查点发现有少量成虫，在整个南部和东南部区域，三年中均未发现有野生成虫。在北部山区，20 世纪 90 年代一度连续的野生种群空间分布已转变为间断性分布。范店田兴村种群被隔离在数十公里以外，这类边缘小种群存在巨大的灭绝风险，且一旦灭绝，现有生境很难被迁入的个体填补。

表 6-1　2014～2019 年各调查点记录的枯叶蛱蝶野生成虫数量[*]

调查地点		调查年份和野生成虫数量(头·次)				
		2014	2015	2016	2018	2019
眉山市洪雅县	三宝镇苦竹村	0	0	0	—	—
	桃源乡画林村	2	1	2	—	—
乐山市夹江县	**木城镇大旗村**[※]	12	4	7	4	3
	歇马乡幸福村	0	0	0	—	—
	华头镇沙坝村	0	0	0	—	—
	南安乡马沟村	2	0	1	1	0
	龙沱乡三合村	5	0	1	3	1
	界牌镇郭沟村	3	1	3	—	—
乐山市峨眉山市	**双福镇小河村**	7	5	2	0	1
	普兴乡福利村	28	34	15	7	9
	绥山镇麻柳村	3	0	1	—	—
	绥山镇大庙村	4	2	5	—	—
	川主乡顺河村	0	3	1	3	0
	川主乡杨河村	4	2	2	—	—
	黄湾镇大峨村	5	3	8	—	—
	黄湾镇龙门村	11	3	7	—	—
	黄湾镇报国村	23	42	27	7	11
	符溪镇黑桥村	0	0	1	—	—
	高桥镇福田村	0	0	0	—	—
	罗目镇刘山村	0	0	0	—	—
	龙池镇富有村	0	0	0	—	—
	金鹤乡中坪村	0	0	0	—	—
	龙门乡王山村	0	0	0	—	—
	沙溪乡兴宏村	0	0	0	—	—
乐山市峨边县	新场乡新凤村	0	0	0	—	—
乐山市沙湾区	范店乡田兴村	2	1	0	—	—
	龚嘴镇刘沟村	0	0	0	—	—
	轸溪乡双山村	0	0	0	—	—

*，2014～2016 年，每个地点每年调查 12 天；2018～2019 年，每个地点每年调查 4 天。※，字体加粗代表该地点为 2018～2019 年后续跟踪监测地点。

每个调查地点发现枯叶蛱蝶个体数量的多少，大致与调查点适宜生境的面积呈正相关。在生境斑块的阔叶林面积相似的条件下，球花马蓝的数量越多，枯叶蛱蝶数量也越大。

为了更好地掌握野生种群分布与数量动态趋势，2018～2019 年，资源昆虫研究所蝴蝶项目组对大峨山区部分地域的野生枯叶蛱蝶种群进行了后续跟踪监测。结果表明，当地种群在这两年中相对稳定，未出现明显下降，显示现存枯叶蛱蝶种群在一个极低的种群密度上与环境处于一种脆弱的平衡状态中，任何进一步的不利干扰都可能迅速打破这种平衡，导致部分种群灭绝。

受人类活动的影响，当今峨眉山野生枯叶蛱蝶种群生活在相互隔离的生境斑块中，具有这种空间分布的种群被称为集合种群(metapopulation，也有人称之为异质种群)。通常认为，一个典型的集合种群具有以下四个特征：①适宜生境以离散的斑块形式存在，这些离散生境斑块可被局域繁殖种群所占据，存在于各个离散生境斑块中的局域繁殖种群共同组成了一个集合种群。②所有这些局域繁殖种群，即便是最大生境斑块中的，都有灭绝的风险。③各个生境斑块之间的距离没有达到临近种群个体无法迁移去到的程度。④各个局域种群的动态不能完全同步。如果完全同步，整个集合种群不会比灭绝风险最小的局域种群续存更长的时间。这种异步性可以保证在目前环境条件下，所有局域种群不会同时灭绝。

从生境斑块空间分布及局部种群的个体数量看，现时的峨眉山区枯叶蛱蝶野生种群完全可被视为一个典型的集合种群，且局域种群小，适宜生境斑块之间间隔较大。整个区域种群已不能再被视为一个连续的大种群或大陆-岛屿型异质种群。这类小种群容易在疾病、捕食、寄生、生境退化和近交等影响下灭绝。尽管在黄湾镇报国村、龙门村和大峨村、川主乡杨河村、绥山镇大庙村、普兴乡福利村、双福镇小河村、界牌镇郭沟村、木城镇大旗村及桃源乡画林村等多个地点，于 2014～2015 年，甚至 2014～2016 年及 2018～2019 年，均发现有枯叶蛱蝶成虫存在，但其数量并不大，意味着其中任何一个局部种群均存在灭绝的风险。

4. 遗传多样性损失

除了前述的分布区缩小、种群数量下降和空间隔离，峨眉山枯叶蛱蝶还面临着另一种隐性威胁，即遗传多样性损失。在 20 世纪 90 年代，野生种群中存在大量的翅腹面伪装色型和色斑多样性(详见第 1 章)。杂交实验表明，不同类型特征(颜色、斑纹)可能由多个独立的基因控制，种群中可能存在许多控制颜色的复等位基因。这种伪装色多样性通常被认为可以匹配异质性生境中枯叶形态的多样性，以防止捕食者快速形成“搜寻印象”(search image)而降低其捕食效率，对于野生种群的长期续存至关重要。在 2014～2019 年的调查中，大量伪装色型已经消失，未发现具有“拟霉斑”和“拟霉点”特征的个体。这种遗传多样性的损失，说明峨眉山枯叶蛱蝶最近可能经历了严重的瓶颈效应，即它们在区域内一度濒于绝灭，现存种群只是若干年前极少数残存个体的后代。在现存种群数量已经极少的情况下，遗传漂变(因不同基因型亲代个体产下的后代个体数不同而导致种群基因频率的随机波动)会进一步导致等位基因频率的随机改变，野生种群或许还将继续丧失部分等位基因。由于枯叶伪装或许是枯叶蛱蝶最重要的适应性形态特征，那些决定伪装色斑变化的等位基因丧失对于枯叶蛱蝶的种群续存和表型演化终将产生重大影响。

6.2　枯叶蛱蝶的生境需求

生境(habitat)，又称栖息地，大致与“生活小区”(biotope)一词同义，指的是野生枯叶蛱蝶的自然生活环境。生境需求是枯叶蛱蝶生活史各阶段生存和成虫繁殖所需资源和条件的总合。在此，“资源”是指将被消耗、数量有限的物质，包括寄主植物和补充营养，而“条件”则指正常生长发育和繁殖活动所需的，包括温度、光照、湿度和空间在内的物理环境条件。一种生境因子可以兼具两种性质。如，寄主植物对于幼虫而言是将被消耗的资源，但对于成虫则是产卵所需的条件；一种树木既可以提供寄主植物生长和成虫生活所需的物理条件，其结出的果实和虫蛀伤口流出的树液也是成虫的食物。枯叶蛱蝶的生境选择是其进化历史和当前环境条件胁迫共同作用下的结果。

6.2.1　枯叶蛱蝶的生境需求

1. 适温

枯叶蛱蝶幼期虫态的发育和存活、成虫的生存和繁殖，以及寄主植物的生长都需要适宜的温度条件。最适宜幼期虫态发育的温度范围为 20～25℃，超过 30℃时，幼虫死亡率迅速上升；低于 15℃时，幼虫发育基本停止。成虫的取食、求偶、交配、产卵及扩散飞行等活动在 25～30℃时最为频繁，在气温达到 35℃以上后急剧减少，在 17℃以下则全部停止活动。高海拔地带，因幼虫生长发育缓慢、年世代数少、成虫繁殖效率低下及越冬期间死亡率高等原因，不具有枯叶蛱蝶的适宜生境。而低海拔的平原空旷地带，由于成虫无法度过炎热的夏季以及缺乏隐蔽场所，即便有寄主植物生长，也无法作为枯叶蛱蝶的适宜生境。在峨眉山区，枯叶蛱蝶的现存适宜生境均位于海拔 450～1200m 的山麓地带。在这个范围内，仅就年有效积温而言，低海拔生境较高海拔地带更为优越，但受到的人为干扰也更为严重。尽管如此，在平坝乔木树种高度在 4.0m 以上、人工绿化良好的小环境内，仍能轻松建立起枯叶蛱蝶人工种群，说明整个东北部平原-浅丘区历史上也是枯叶蛱蝶的适生区。

2. 潮湿

潮湿的环境既是枯叶蛱蝶自身的需求，也是其寄主植物生长的必要条件之一。在炎热的夏季和漫长的冬季，成虫的水分消耗很大，较高的空气湿度有助于降低成虫体内水分丧失的速度。但同时，成虫仍必须不时从外界补充液态水。这种外源水分，部分来自食物，但很大一部分来自雨水和露水，尤其是越冬成虫，几乎完全靠雨露水弥补体内水分的丧失。此外，空气干燥也不利于幼虫蜕皮和蛹期的发育，常导致大量畸形蛹发生及部分外表正常蛹的羽化失败。许多潮湿的沟谷地带之所以能够成为枯叶蛱蝶的理想生境，主要在于其地表水源充足，空气湿度高，雨露水存留时间较长，同时也有寄主植物生长的必要条件。

3. 具有足够活动空间的荫蔽场所

枯叶蛱蝶是一种典型的森林内部栖息动物，在其生活史的任意阶段都喜欢荫蔽的环境。在野外，无论日间还是夜间，成虫均选择常绿阔叶乔木群落作为休息场所。日间休息时，成虫喜停息到树干下部、树叶下方或其他荫凉角落，而在夜间，成虫通常选择高大树木顶部树枝的下方(当树枝与地面近平行时)、侧面(当树枝与地面近垂直时)及树叶下方停息。在实验网室内，成虫的交配行为也大多发生在树冠内部。枯叶蛱蝶适宜生境的群落盖度通常为 70%～90%，阔叶树乔木群落既为成虫提供了一个荫凉且隐蔽的场所，同时林内仍有足够的光照和空间供成虫飞行。这种荫蔽场所对于成虫躲避夏季烈日、逃避追捕和度过漫长寒冬都极为重要。人造柳杉林内树株密集，光照很弱，而桉树林和天然马尾松林郁闭度不足，内部光照过强，均不适宜成虫停息。灌木地则因为植株过矮及内部空间太小而被成虫放弃。

4. 补充营养

补充营养对维持成虫正常寿命和提高生殖力是必须的。对于繁殖季的雌成虫，补充营养缺乏会致其寿命大幅缩短、产卵量降低，而对于越冬成虫，若不能在其越冬前摄食补充能量储备，多数个体均不能度过漫长冬季。在野外，枯叶蛱蝶成虫主要以腐烂水果及虫蛀伤口流出的阔叶树液为食物。从蛀孔中渗出树液的树木主要为壳斗科、樟科、桑科和榆科中的种类，这些树木通常树龄较大，主茎粗大，天牛、金龟等蛀干害虫的幼虫对于主茎的危害通常不至于引起树木死亡(但若是树枝受害，受害树枝容易折断)，其树干渗出液为枯叶蛱蝶、黑紫蛱蝶(*Sasakia funebris*)、傲白蛱蝶(*Helcyra superba*)和大紫蛱蝶(*Sasakia charonda*)等珍奇蝴蝶，以及包括胡蜂在内的许多森林昆虫提供补充营养。马尾松、柳杉及桉树等树种则不具备这种功能。枯叶蛱蝶成虫喜食的野生水果主要为桃、李和柿，但有时也见其吸食榕树和柑橘类的腐熟果实。在缺乏上述喜好食物的情况下，枯叶蛱蝶成虫也取食动物粪便及其他几乎任何腐烂变质物品中的液体，但不摄食花蜜。

5. 产卵场所

野外雌成虫多选择周围有树木、灌草的寄主植物及其附近较高位置产卵，而很少将卵产在空旷地带的寄主植物上。暴露在寄主叶片及开阔地带的卵存活率更低，分散产卵有助于降低卵被天敌捕食和寄生的风险，避免卵被日光长时间暴晒也有助于提高其存活率。

6. 空旷地

林缘及林内空旷地带(林窗)光照充足，视线良好，是枯叶蛱蝶成虫日常活动的重要场所。在晴朗天气的清晨，雌雄成虫均喜停息在空旷地的低矮灌木、草丛、树干下部，甚至地面等阳光照射到的场所，提升体温，晾干翅膀上的雨露水。雄蝶求偶期间也喜选择林间空地、林缘溪沟或道路出口处，停栖在距离地面 1～4m 高的树叶上面，等候雌蝶的经过。未经交配的雌蝶常常沿林间小道或溪谷缓慢飞行，有意为守候在各处的雄成虫提供求偶机会。

7. 寄主植物

寄主植物是枯叶蛱蝶幼虫赖以生长发育的主要资源，是种群生存最重要的物质基础，野外雌成虫也需要将卵产在寄主植物附近。野生寄主植物的聚集分布，对于枯叶蛱蝶种群的生存具有重要意义。成片聚集分布的球花马蓝，容易被产卵中的雌成虫发现，同时也是初孵幼虫存活所必需(详见第 3 章)。

8. 化蛹场所

老熟幼虫喜在植物基部根茎、枯枝、石块或是任意其他物体下面阴暗、隐蔽的空旷处化蛹。枯叶蛱蝶的蛹个体较大，且自身无防卫能力，若是暴露在外，很容易遭到天敌捕食。因而，生境内需要有大量枯枝落叶组成复杂的地表构造，为幼虫提供化蛹场所。

9. 生境要素的空间配置

上述资源条件应尽可能配置在相对狭小的地域内，以减少成虫飞行活动中的能量和时间耗费，提高繁殖效率。

尽管枯叶蛱蝶生活史各阶段的生境需求有所不同，但由于成虫活动能力和范围均远较幼虫的大，且雌成虫在产卵时基本上决定了幼虫和蛹的分布，因此至少在空间上，幼期虫态的生境应被包含在成虫生境范围内。

6.2.2 寄主植物的生境需求

枯叶蛱蝶的寄主植物为喜半荫和潮湿环境的多年生草本植物，常呈斑块状聚集分布在荫湿沟谷常绿阔叶林的林缘、林窗或林内小道两旁(图 6-4)。林内盖度为0.6～0.9、灌木稀疏的区域也有寄主植物分布，只是这些位置的寄主植物通常植株矮小、密度较低。郁闭度大于 0.9 的林内、陡坡及空旷地带阳光暴晒之处，则很少有寄主植物生长。由于人类活动的破坏，桉树林、柳杉林、马尾松林、竹林、传统农地、茶园、果园、灌丛草地及山区居民点附近也很少有球花马蓝分布。

枯叶蛱蝶主要寄主植物球花马蓝的生命力强盛，只要具有适宜的水分和土壤条件及半荫环境，一旦成株，绝大多数其他杂草就不是其竞争对手，故能成片聚集分布。实际上，球花马蓝对土壤条件的要求并不很高，只要有水和少量土壤，一些崖缝里也能长出粗壮的球花马蓝植株。但球花马蓝也有其脆弱的一面。首先，在干燥或半干燥地带，球花马蓝不具有竞争优势，一旦河流改道或长期断流，原有的球花马蓝斑块便迅速为一些禾本科杂草所取代。其次，球花马蓝在苗期十分脆弱，容易被其他杂草所欺而消亡。最后，球花马蓝在野外基本都是无性繁殖，自然分布区扩展很慢。部分野生马蓝植株偶尔会开花，但这种情形极少发生，且球花马蓝的结实很少，种籽也很难发芽。

峨眉山市普兴乡福利村

峨眉山市黄湾镇报国村

图 6-4　适宜生境中的球花马蓝

6.2.3 枯叶蛱蝶的适宜生境特征

枯叶蛱蝶的生境需求，包括成虫停息场所、补充营养、寄主植物、幼虫化蛹场所、成虫求偶交配场所及雌成虫产卵场所等要素，只有较大面积的高大常绿阔叶乔木群落能够提供。至此，我们可以想象到一幅枯叶蛱蝶理想家园的画面：在绵绵群山中，一条山谷蜿蜒而上数公里，谷底流淌着清澈的溪水，山坡上生长着以樟科、壳斗科和桑科树种为主的原生常绿阔叶林群落，森林边缘散布着一些野生的柿、桃或李等果树及高低不等的灌木；在灌木和小溪之间，是一小块百余平米的草地；林间小径两旁、森林的边缘内外和溪沟边，生长着大片翠绿的球花马蓝。这种要求其实并不高，仅仅是青山绿水，但这种画面现在已经很难见到，仅能在峨眉山风景区内、双福镇及普兴乡局部地方也还能见到些许残迹。

6.2.4 峨眉山枯叶蛱蝶的生境现状

尽管在峨眉山风景区内的部分区域，枯叶蛱蝶栖息地得以较好地保存了下来，但在整个峨眉山区，枯叶蛱蝶的生境已经遭到严重破坏，这种蝴蝶正面临着包括生境丧失、退化和碎片化在内的多重危机。

1. 生境丧失

从夹江县界牌镇、经乐山市中区苏稽镇再到峨眉山市九里镇，在整个东北部浅丘区，枯叶蛱蝶适宜生境已经荡然无存。20 世纪 90 年代尚且残存的少量适宜生境，现已被茶园、果园、桉树林、住宅小区或城镇设施所占据，整个区域内已经找不到寄主植物的踪迹。在大峨山北部，从符汶河边到青衣江畔，20 世纪 90 年代为枯叶蛱蝶的核心分布区，超过 1/3 的原有优质生境已为茶园、果园和人造林等人工植被取代(图 6-5)。

速生桉
(乐山市中区苏稽镇高山铺村)

茶果园
(峨眉山市绥山镇大庙村)

柳杉林
(峨眉山市川主乡杨河村)

慈竹林
(峨眉山市双福镇纸厂村)

图 6-5 枯叶蛱蝶生境被人工植被侵占

2. 生境退化

现存大多数生境能被保留了下来，只因为其处于深沟陡坡地带，开垦难度大而利用价值不高。即便在这些地带，常绿阔叶乔木群落面积缩小也是普遍存在的现象，过小的乔木群落难以承载足够的寄主植物和补充营养资源，不能养活较大的野生枯叶蛱蝶种群。多数林窗和林缘空地都已被开垦用于栽植茶树和果树，导致寄主植物数量进一步减少和密度降低。在绝大多数地点，在长期的人为干扰下，只剩下零星分布的小斑块寄主植物。许多乡村道路沿溪谷修筑，破坏了大量的寄主植物资源；原长有大片寄主植物的地块，当寄主植物被人为割除后，生境迅速被其他杂草占据(图 6-6)。尽管雌成虫喜好在分散的单株寄主植物上产卵，但必须认识到，仅有少量枝条的寄主斑块甚至不能养活一头幼虫至化蛹。由于幼虫有限的扩散能力，这些过于分散的小斑块其实是无效的，但产卵雌成虫恐怕不会留意到这点。

A

B

图 6-6 枯叶蛱蝶寄主植物的生境遭到破坏

A. 道路修筑减少球花马蓝资源(峨眉山市普兴乡福利村)；B. 生境遭到破坏后寄主植物被其他杂草取代(峨眉山市黄湾镇报国村)

除了寄主植物资源，成虫补充营养也面临着短缺。由于生境斑块面积缩小，许多小斑块内缺乏成虫所需的补充营养，使它们不得不离开栖息地到居民区或果园内摄食。这既降低了雌成虫的产卵效率，同时也增大了其被农药毒杀和遭受捕食的风险。

3. 生境碎片化

生境碎片化或片段化，是指原来大面积连续分布的适宜生境，被人工林、茶园、果园、道路、农地、城镇及其他较大的人类活动场所等非适生区分割成不连续的小型斑块。这种情况在峨眉山市绥山镇大庙村以北地区，包括峨眉山市绥山镇、双福镇和普兴乡，夹江县界牌镇、南安乡、木城镇、龙沱乡、华头镇、麻柳乡和歇马乡，及洪雅县桃源乡，尤为突出(图 6-7)。目前，部分适宜生境之间还存有一定的迁移通道连接，另有一些生境之间则可通过轻微的人工干预连接起来，但大部分边缘生境斑块则很难再被连接起来。随着农村产业结构调整，生境斑块进一步消失或高度退化将难以避免，导致余下生境斑块之间的距离越发扩大，这可能阻碍局部种群之间的个体迁移，加速边缘地带局部种群的灭绝。

❶ 适宜生境区　❷ 退化生境区　❸ 新垦植非生境区(果园)　❹ 传统农业区

图 6-7　碎片化分布的枯叶蛱蝶生境斑块(峨眉山市普兴乡)

6.3　主要致危因子

包括天气条件、栖息环境质量、寄主植物资源、补充营养资源、捕食和寄生在内的众多因素均会造成野生枯叶蛱蝶的种群数量波动。这其中，随机性的恶劣天气是无法回避的力量，枯叶蛱蝶在其漫长的适应当地自然条件的过程中已经进化出一套有效的生活史对策，如成虫寿命长、繁殖力高、森林内部栖息等。捕食者和寄生者与它们的猎物或宿主长期处于一种动态平衡中，通常不足以造成后者灭绝。推动野生枯叶蛱蝶数量长期下降的驱动力是人类活动导致的生境破坏及其他环境压力。如果生境破坏和其他人为环境压力(如杀虫剂污染)进一步加剧，大多数局域种群灭绝便不可避免，峨眉山枯叶蛱蝶种群存在彻底绝迹的可能。

6.3.1 土地开垦

枯叶蛱蝶的自然栖息地主要位于人口密集的低海拔地带，在农村传统农业经济占主导地位的年代，区域内的耕地开垦一度十分频繁，这是造成现今枯叶蛱蝶生境破坏的历史原因。随着退耕还林和天然林保护政策的推进，加之山区劳动力减少，目前因土地过度开垦造成枯叶蛱蝶栖息地破坏的势头已经基本得到遏制。

6.3.2 茶园和果园过度扩张

在农业产业结构调整中，山区的茶叶和水果生产呈现出产业化规模化发展的趋势，许多在传统农业中被认为价值不高的深沟陡坡林地，也被改造成茶园和果园。由此造成的栖息地丧失甚过早期的耕地开垦，进一步加剧了生境碎片化程度。目前，果园的发展势头已经减缓，而茶园似有进一步扩张之势。在大峨山以北的大多数丘陵地带，茶叶生产已成为农村的支柱产业之一。

6.3.3 用材林营造

近二十年来，大量的天然常绿阔叶林被速生桉和柳杉林等非枯叶蛱蝶的适宜生境树木取代。在退耕还林政策实施过程中，桉树被许多乡镇选作造林的主要速生树种。桉树消耗大量土壤肥力和水分，并产生对其他植物有毒的克生物质，枯叶蛱蝶的寄主植物在桉树林内及其边缘生存几无可能。在较高海拔地带(一般在800m 以上)，用于人工造林的树种则主要为柳杉。柳杉林内树木密集，透光度很差，寄主植物难以生长，甚至枯叶蛱蝶也难以飞入停息。

6.3.4 杀虫剂和除草剂施用

伴随着茶园和果园的大发展，广谱性杀虫剂和除草剂的施用量和使用频率激增(图 6-8)。在喷雾防治农业害虫的过程中，杀虫剂可随风扩散至数百米以外，可能直接杀死枯叶蛱蝶的成虫和幼虫。当茶/果园紧邻着枯叶蛱蝶残存生境时，杀虫剂的危害就更加严重。枯叶蛱蝶的寄主植物对目前常用的除草剂均十分敏感。除了在茶/果园周边使用，除草剂还被频繁用于清除公路和步道旁边的灌草，造成沿道路两旁生长的寄主植物大量死亡。

6.3.5　大规模经济和生活基础设施建设

随着城镇规模快速扩张，峨眉山市峨山镇、黄湾镇、川主乡及绥山镇等地不少传统的枯叶蛱蝶优质生境现已被建筑物占据。倘若将来这些地带内的适宜生境完全消失，其对枯叶蛱蝶的影响不仅仅限于栖息地面积的减少，危害更大的是，在大峨山风景区内的枯叶蛱蝶种群和绥山镇以北广阔区域内离散局部种群之间建立起了一道人为屏障，阻碍了两个区域之间的基因交流，很可能加速北部种群的灭绝。

A

B

图 6-8　杀虫剂施用对野生枯叶蛱蝶的潜在威胁

A. 农业生产中使用后丢弃的杀虫剂药袋和药瓶；B. 紧邻枯叶蛱蝶生境的茶园

乡村公路网、风景区游览步道的建设，不少是沿着寄主植物集中分布的沟谷地带前行，加之后期道路维护中的化学或人工除草，其对寄主植物资源和连续分布的影响也不可小觑。在 20 世纪 90 年代中期，从报国寺至伏虎寺的瑜珈河边，生长着大片的球花马蓝。这些球花马蓝群落在后来的游道改造中几乎被彻底清除，游道两侧的绿化树下方被栽满了各种观赏草类。目前在这个原本是枯叶蛱蝶优质栖息地的地带已经很少见到成虫活动。

6.4　野生种群保育

峨眉山野生枯叶蛱蝶种群下降的主要原因是生境丧失和退化，而不断加剧的生境破碎化及杀虫剂污染可能加速局部种群的灭绝，需要针对当前的主要致危因子制定枯叶蛱蝶保护策略和措施。保护枯叶蛱蝶的意义绝不仅仅在于保护其自身。

在保护了枯叶蛱蝶的同时也保护了其他峨眉山珍稀蝶类及大量蝴蝶以外的其他无脊椎和小型脊椎动物资源。

6.4.1 理论依据

1. 集合种群理论

在生态学和保护生物学中，将类似枯叶蛱蝶这种适宜生境斑块离散分布但斑块之间距离并不遥远的种群分布格局，称为“集合种群”或“异质种群”。集合种群的动态特征为，可被局域种群占据的隔离生境斑块因为相互间的个体迁移而组成一个生境网络；网络中的各个生境斑块具有各不相同的环境特征(空间异质性)；所有的生境斑块不会同时被占据(时间异时性)；每个斑块内的小种群都可能因个体死亡或迁出而灭绝，继后某个时候又可被自其他斑块中迁移而来的个体重新定居。整个集合种群的长期续存通过局域种群间的灭绝/再生平衡维持。

集合种群理论认为，集合种群越大，即组成该集合种群的局域种群越多，种群生存的时间越长；集合种群的稳定性由局部种群之间的迁移来维持，局部种群之间迁移率越高，集合种群的动态稳定性越高；集合种群若要维持生存，局部种群的重建速率必须高到足以补偿灭绝速率。对于局域分布的小种群而言，生境斑块面积、隔离度和斑块质量共同决定着其种群数量和续存时间。

无论在蝴蝶或是别的物种中，已有大量研究和实践证实，物种/种群的灭绝大都会经历集合种群阶段。人类活动造成的物种灭绝过程，都是从局部种群灭绝开始的，再逐步导致整个种/种群灭绝。因此，集合种群理论是当今制定保护措施时所依据的主要理论。尤其是，在目前条件下，大范围内建立完整的枯叶蛱蝶保护区存在很大困难，集合种群理论在枯叶蛱蝶保护中的应用才更具现实意义。

2. 生境斑块间的异质性

枯叶蛱蝶具有大量繁殖、少量存活的生活史特征。野外存活实验表明，幼期虫态野外生存的重要条件之一，是不同地点生境的高度异质性。在野生枯叶蛱蝶种群保护中，保留不同区域、不同海拔高度的生境斑块是必须的。不同斑块间，天敌的危害程度不同步、恶劣天气的影响程度不同步，从而使不同局域种群间的存活死亡保持异步，灭绝的局域种群能够被其他生境中扩散来的个体重建。

3. 适宜生境斑块的数量

那么，究竟需要多少个适宜生境斑块才能维持一个集合种群的长久生存呢？一般认为应不低于 10～15 个。但如果环境(如天敌发生、恶劣天气)随机性很强，这个数量就还不够。目前我们对于区域内枯叶蛱蝶适宜生境的数量、密度、局域种群动态机制及个体扩散过程等的了解并不很充分，必须假定所有局域种群处于非平衡状态，保护计划中应将现有适宜生境斑块全部考虑进去。

4. 斑块间廊道的重要性

廊道是连接离散生境斑块之间的通路，由高大乔木树种组成。枯叶蛱蝶是定栖性较强的蝴蝶，雌雄成虫均喜好停留在其出生时的斑块内活动，如果不是内部竞争的逼迫，它们并不轻易向外迁移。那些由于种内竞争而被迫外迁的个体，通常也是沿着河道、森林边缘或人工绿化带向外扩散。若以人工绿化带将离散的适宜生境斑块连接起来，在廊道中每隔一定距离配置补充营养资源，将有利于外迁个体及时发现新的适宜生境，增加外迁途中的存活几率。若无这种廊道地带的存在，外迁的枯叶蛱蝶在飞行中容易迷失方向，从而出现我们在城镇中也能看到它们的“奇景”。

5. 斑块的大小

通常，较大的生境斑块能够容纳更多的个体，具有更长的续存时间，而较小生境斑块中的种群具有更高的灭绝风险。但在人口和经济活动密集区，大规模建立保护区并不现实，而应在当前具最多个体、最具基础、最具条件的地方设立 1 个面积较大的核心保护区，再通过廊道将众多的外围生境与核心保护区连接起来。这个核心保护区内的适宜生境面积最大、栖息地质量最高，在没有很大的外界干扰情况下，核心区内的种群可以单独地长期生存。相较大量的小型斑块构成的小种群网络，这种“大陆-岛屿型”（源-汇型）集合种群更为稳定。

6. 中度干扰假说

枯叶蛱蝶及其寄主植物的适宜生境多为次生常绿阔叶林，这种群落大多处于演替的中间阶段，一定强度的人为割草和砍伐有利于维持群落目前所处的演替阶段。若无适度的割草和砍伐，其他杂草太高、灌木太密，将不利于枯叶蛱蝶寄主植物的生长。这就是所谓的“中度干扰学说”，在枯叶蛱蝶的生境恢复中具有重要意义。

7. 人工增补

优先实施就地保护的同时，建立人工繁育种群也是必要的。在集合种群处在灭绝边缘的情况下，可考虑有计划地人工释放繁育个体，增补野外种群，但前提是将现有生境的保护工作做好。人工繁殖种群还可满足旅游观光、科普教育和科研的需要，减少对野生种群的猎捕压力。

6.4.2 保育措施

或许，眼下人们能为枯叶蛱蝶做的并不多，但至少应该不再继续毁灭它们的生息环境。为了让这个招牌性的物种在峨眉山区长久续存，甚至使部分区域恢复到20世纪90年代的种群水平，我们建议分步骤采取以下保护和救护措施。

(1)开展现存生境数量和质量评估，制定保护与管理计划，重点是现存生境乔木群落和寄主植物的保护规划。

(2)建立峨眉山枯叶蛱蝶生态保护区，实施就地保护。要对所有生境斑块进行精心管理不切实际，应当选取那些对于种群续存具有决定性意义的大型斑块进行重点监护，这些生境斑块主要分布于峨眉山市黄湾镇(报国村、大峨村和龙门村)、川主乡(顺河村、梧桐村、赵河村、东岳村和荷叶村)、绥山镇(大庙村和麻柳村)、普兴乡(福利村和合江村)及双福镇(小河村、纸厂村、尖峰村和李河村)。首先保护和恢复黄湾-双福区域内的适宜生境，力求维持2个占地面积较大、个体数量较多的大陆型局域种群的长期存在(图6-9)。

(3)通过人工绿化带将大陆型种群周边的小型生境斑块与大陆种群连接起来，尤其是重视黄湾-川主-绥山-双福“Y”形廊道的建设，确保两个大陆种群之间的有效连接。迁移廊道南起黄湾镇新桥村，沿山区东麓延伸至绥山镇大庙村后分为东西两线。西线经绥山镇洪川村、麻柳村，越过普兴乡合兴村的猪儿埂垭口，在普兴乡大河村附近穿过小悦公路连接普兴生境区；东线沿石峨山东麓到达双福镇西的小河坝谷地。在廊道所经之处，若无天然常绿阔叶林分布，则在廊道中栽植樟科和壳斗科常绿乔木树种，间或配置少量果树。

(4)对保护区内的关键大型生境斑块进行重点管护，定期适度割除灌草以促进寄主植物的生长，在生境乔木群落边缘补植品种适生性强的桃、李、柿等果树。适度调整关键斑块周边的土地利用类型或生产管理方式，合理化果园、茶园和用材林布局，提倡有机和绿色种养殖，尽力减少在枯叶蛱蝶生境周边的杀虫剂施用量和使用频率。适度控制区域内桉树和柳杉等用材林的营造规模和造林位置，退耕还林中，提倡栽植本土常绿阔叶类树种。

(5)建立枯叶蛱蝶人工繁育和救护基地，开展人工繁育，必要时向野外释放人工繁育个体增补野生种群。收集与保存遗传资源，包括从其他分布区引入本地已经消失的色型和斑纹遗传资源。

(6)在枯叶蛱蝶保护区内，开展特色生态观光旅游，让保护区在产生生态效益的同时，也兼具社会效益和经济效益。依托业已具有的技术积累和建设、运作、管理的成功经验，充分利用峨眉山区的旅游基础条件和自然条件，将保护区建成面向全国乃至全世界、集野生动物保护、旅游观光、休闲娱乐和科普教育于一体的旅游观光和科普教育基地。

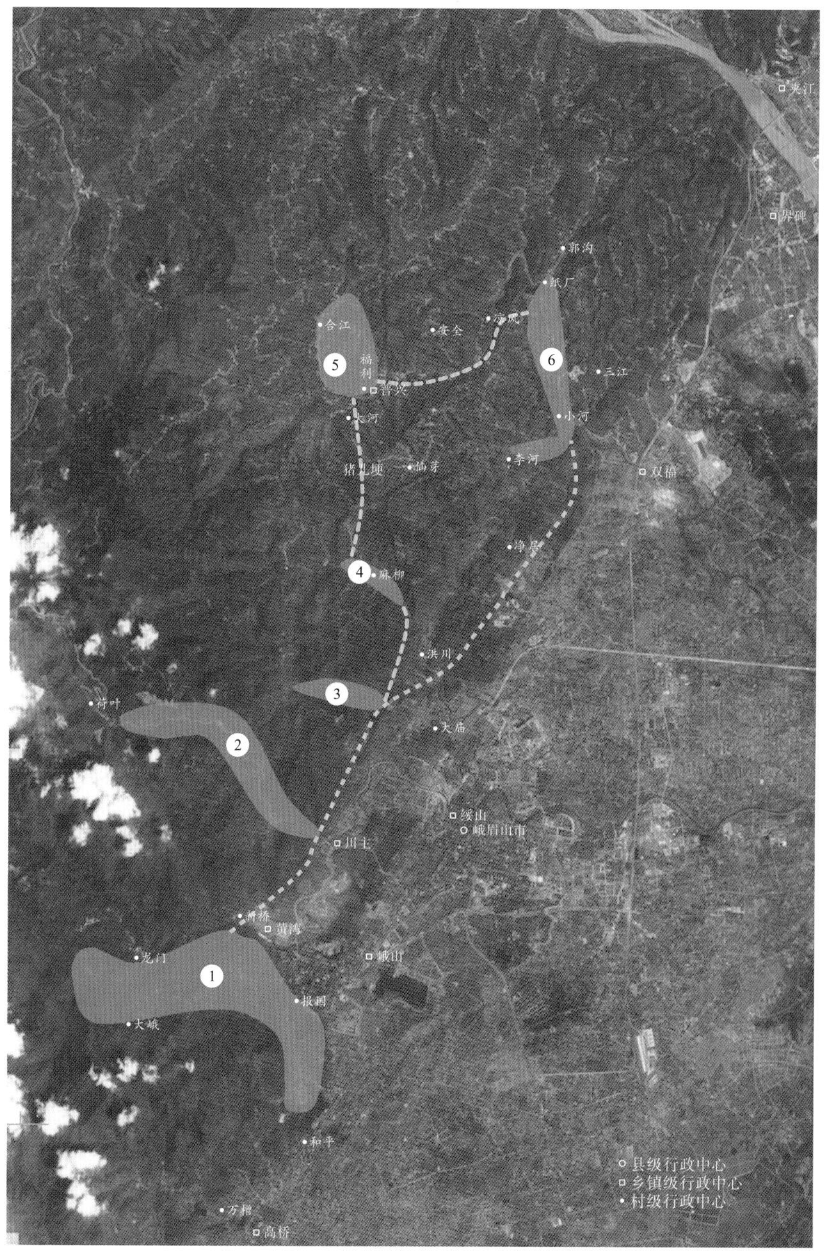

图 6-9　峨眉山野生枯叶蛱蝶生境保护区构想布局图

蓝色填充区域代表现存适宜生境集中分布区（1. 黄湾生境区；2. 川主生境区；3. 大庙生境区；4. 麻柳生境区；5. 普兴生境区；6. 双福生境区）；黄色虚点线表示迁移廊道的线路

(7)政府重视，提供政策、宣传和资金支持，提高公众对枯叶蛱蝶的关注度和保护意识，把保护枯叶蛱蝶的重要性和意义提升到一个新高度。

需要注意的是，枯叶蛱蝶的生存不会夺取人类太多的资源，它们与人类很容易和谐相处。并非所有人类活动对枯叶蛱蝶都是有害的，保护不应简单地采取划地围栏方法，避免采取封山、禁入、搬迁等激进的措施，尽力减少对山区人们日常生活和生产的影响。在保护工作中，要让人们，尤其是山区人民从枯叶蛱蝶保护中获取的收益远远大于他们的付出。要让人们明白，保护枯叶蛱蝶栖息地，发展有机绿色农产，开展生态旅游，长远来看是划算的。

值得庆幸的是，近二十年来，山区的退耕还林、天然林保护工作持续推进，为了烧材、食用菌种植而大面积毁林的现象也早已不再，整体生态环境好转是大趋势。我们相信，只要人们给予适当的关注，峨眉山野生枯叶蛱蝶种群有望恢复到 20 世纪 90 年代初期的水平。

6.4.3 存在的问题

目前有关枯叶蛱蝶的保护生物学研究还十分薄弱，我们对于枯叶蛱蝶的了解也十分粗浅，仅限于其基本的生物学特征和生态学特性，这对于开展富有成效的保育工作是远远不够的。前文建议的保育措施，仅是一个粗略的预先保护和管理方案。这个方案的提出，仅仅依据了当前野生动物保护中的一些通用理论。对于影响枯叶蛱蝶野生种群动态的生物和非生物机制、环境容纳量、野外成虫的扩散行为生态学、种群生存力、最小可存活种群及野外成虫的存活和繁殖力等在保护方案制定中需要的一些关键知识，我们几乎还一无所知。但这类研究工作耗时费力，需要持续数年甚至 10 年以上。许多生境质量相关因素，如树种、盖度、高度、密度、树种多样度、坡向及坡度等，都有待进一步研究。也需要改进野生种群数量监测方法，开展长期持续监测，以便区别种群短期波动和长期下降趋势。尤其是，应该在前文所述的野外种群调查方法中，结合采用捕捉-标记-释放方法，以便弄清峨眉山现有野生枯叶蛱蝶数量。

野生枯叶蛱蝶的保护是一项系统工程，需要综合采取法律、行政、经济和舆论等方面手段来完成，需要地方政府、山区人民、旅游企业和科研机构的共同参与才能成功。期待峨眉山枯叶蛱蝶的命运能够引起人们足够的关注。

6.5 有关保护法规

峨眉山枯叶蛱蝶的生存正受到严重威胁，其他国内各地种群的情形也大致相似。但枯叶蛱蝶(*Kallima inachus*)这个分类学物种目前未被列入 2018 年世界自然保护联盟(International Union for Conservation of Nature，IUCN)《濒危物种红色名录》(ver. 3.1)，也不属于《濒危野生动植物种国际贸易公约》(Convention on International Trade in Endangered Specides of Wild Fauna and Flora，CITES)附录 I 或附录 II 中种类，说明这个物种在其整个分布区(亚洲东南部热带-亚热带地区)内并无灭绝风险，也即枯叶蛱蝶并非濒危物种。这并不代表某些地理种群没有灭绝风险，更何况，峨眉山的枯叶蛱蝶很可能为一个不同于 *Kallima inachus* 的独立物种，即 *Kallima chinensis*(详见本书第 8 章)。

在我国，枯叶蛱蝶属于国家保护的“三有”野生动物，但非一级或二级重点保护对象。

《中华人民共和国野生动物保护法》最初于 1988 年 11 月 8 日由第七届全国人大常委会第 4 次会议修订通过，自 1989 年 3 月 1 日起施行。原林业部和农业部于 1989 年 1 月 14 日根据该法共同制定并发布的《国家重点保护野生动物名录》中，并未录入枯叶蛱蝶。至今在中国林业网(国家林业和草原局主办)《国家重点保护野生动物名录》中，仍只列出了 5 种受到国家重点保护的蝴蝶，即金斑喙凤蝶(*Teinopalpus aureus*)(一级)，双尾褐凤蝶(二尾凤蝶)(*Bhutanitis mansfieldi*)(二级)，三尾褐凤蝶(三尾凤蝶)(*Bhutanitis thaidina dongchuanensis*)(二级)，中华虎凤蝶(*Luehdorfia chinensis huashanensis*)(二级)和阿波罗绢蝶(*Parnassius apollo*)(二级)。

枯叶蛱蝶的法律地位主要体现在国家林业局(现国家林业和草原局)依据《中华人民共和国野生动物保护法》于 2000 年 8 月 1 日以国家林业局令第 7 号文发布实施的《国家保护的有益的或者有重要经济、科学研究价值的陆生野生动物名录》(即“三有动物”名录)中。该名录中包含了包括枯叶蛱蝶在内的不少蝴蝶种类。2016 年 7 月 2 日，第十二届全国人民代表大会常务委员会第二十一次会议第三次修订《中华人民共和国野生动物保护法》，自 2017 年 1 月 1 日起实施。新版野生动物保护法第一章(总则)第二条规定:“……本法规定保护的野生动物，是指珍贵、濒危的陆生、水生野生动物和有重要生态、科学、社会价值的陆生野生动物……”该条款明确了枯叶蛱蝶为受到国家保护的陆生野生动物。在地方立法层面，就本书作者所知，枯叶蛱蝶并非《四川省重点保护野生动物名录》或《四川省有益的或有重要经济、科学研究价值的陆生野生动物名录》中的种类。

第7章 人 工 繁 育

枯叶蛱蝶是峨眉山动物资源宝库中重要的一员。近年来，主要由于生境破坏和杀虫剂的大量使用，野生枯叶蛱蝶种群数量急剧下降，在其历史核心分布区内的许多地带濒临绝迹。作为一种珍奇蝴蝶，枯叶蛱蝶兼具艳丽的翅膀背面色斑和逼真模拟枯叶的腹面伪装形态，在旅游观光、教学、科普及休闲娱乐活动中极具利用价值，市场需求量巨大。为了恢复野生种群数量，同时满足国内外市场日益增长的需求，开展枯叶蛱蝶的人工繁育势在必行，而且经济、生态和社会效益显著。本章针对峨眉山及其周边地区的特定气候条件，介绍枯叶蛱蝶人工繁育主要环节的一些基本技术要求。有关原理和方法也基本适用于我国南方其他有着类似自然条件的地区。

7.1 开展枯叶蛱蝶人工繁育的必要性和意义

枯叶蛱蝶集大型、美观和珍奇于一身，具有很高的观赏价值，是蝴蝶生态观赏园中不可缺少的主要蝶种之一，也是蝴蝶工艺品制作中必备的原料蝶。这种蛱蝶也被作为自然选择进化理论的经典例证之一，是生物学教学和科普活动中的优良素材。近年来，国内外市场对枯叶蛱蝶的需求稳步增长。然而，在全国范围内，枯叶蛱蝶都属于稀有物种，野生种群数量很低。擅自捕捉野生枯叶蛱蝶既为法律所禁，客观上野生资源也不能满足市场需求量。开展其人工繁育是满足市场需求的唯一途径。同时，向野外释放人工养殖个体也是恢复野生种群的有效手段之一。

枯叶蛱蝶的人工繁育也具有技术和经济可行性。第一，枯叶蛱蝶幼虫取食的寄主植物为爵床科多年生草本植物，容易大量繁殖和培育，年生长量大，单位面积寄主植物的产蝶量高。第二，枯叶蛱蝶成虫的定栖性较强，能迅速适应在较小的空间内活动，对低温和高温也有较强的耐受力，取食、交配和产卵均不需要大型复杂的设施。第三，枯叶蛱蝶的年世代数较多，雌蝶产卵量高，卵的孵化率也高，卵的收集和保育容易，人工养殖中需要的大量虫源能够得到保障。第四，幼期虫态饲育对养虫房屋、器材及其他环境条件的要求不高，在自然温湿度条件下即可进行。第五，在人工繁育条件下，由于有效避免了天敌捕食和寄生，加上幼虫的疾病相对较少，幼期虫态的成活率明显高于其他大多数观赏蝶种。最后，人工养殖枯叶蛱蝶的劳动强度不高，技术相对简单、容易掌握，是一个适宜在山区推广的短平快特种养殖项目，可为农户提供一个可观的收入来源。

枯叶蛱蝶是峨眉山区的一种招牌性动物，在国内外久负盛名。但除枯叶蛱蝶外，该区尚蕴藏着大量其他华丽珍贵蝴蝶种类。作为国家级风景名胜区及世界自然遗产，以蝴蝶为代表的小型观赏动物理当在区域内的旅游生物资源保护和开发利用中占有一席之地，但长期以来它们并未得到足够的重视。以枯叶蛱蝶为突破口，率先实现其规模化人工繁育，进而逐步开发利用区域内其他观赏蝴蝶资源，既可丰富区域内的旅游产品，培育新的旅游业增长点，对国内其他地区蝴蝶产业的健康发展也会产生极大的促进作用。

枯叶蛱蝶的人工繁育涉及寄主植物培育、成虫喂养、卵的收集保育、幼虫饲育、蛹保育及成虫羽化等诸多环节。以下主要针对四川峨眉山及其周边地区的特定自然条件，简要介绍枯叶蛱蝶人工繁育主要环节的一些基本技术要求。本书推荐的方法，力求简单、费省和实用。养殖户根据自身条件和养殖场定位，对包括设施、器材甚至操作方法在内的各项技术措施，均可因地制宜地灵活变通。

需要指出的是，枯叶蛱蝶是受到国家保护的“有益的或者有重要经济、科学研究价值”的陆生野生动物，从野外引种前，必须到当地县级林业主管部门办理相关手续，否则属于违法行为，使好事变坏事。

7.2　养殖园建设

7.2.1　养殖园选址

在峨眉山区海拔 1200m 以下地带，都可开展枯叶蛱蝶的人工繁育，而又以海拔 500～800m 的山麓地带最为适宜。建园地点应交通方便、水源充足、地势平缓，有一定面积的熟地可用于栽植寄主植物，且具有一定的绿化条件。要求交通方便，主要是为了便于产品，尤其是活体蛹和成虫的外运，同时也便于养殖园的日常管理作业。植物培育、养虫房屋和器材消洗及养虫工作各环节都需要水，水源充足是建立枯叶蛱蝶养殖园的必要条件。养殖园的部分区域及部分设施内，需要一定的遮荫条件。若建园地天然植被较好，可就近移栽野生树种作为遮荫树或枯叶蛱蝶成虫的停息树。枯叶蛱蝶的寄主植物应栽植在土层深厚的熟地内。由于枯叶蛱蝶对目前农业生产中使用的主要杀虫剂种类均十分敏感，养殖园与茶园、果园及其他农作物栽植地之间的距离应不小于 200m。尽可能将养殖园建在农家附近，如此可利用已有的房屋和水电基础设施，降低建设投入。在偏僻的沟谷地段，尽管生态环境良好，远离农药污染，但交通不便、基础设施缺乏，并不适合作为建园地。

不宜在海拔1200m以上地带建园，主要因为高海拔地带日照不足及气温较低，致使枯叶蛱蝶繁殖期及繁殖时间缩短，寄主植物的生长期短、生长量降低，单位面积寄主植物的产蝶量不高，且冬季霜雪也对寄主植物造成严重危害。

7.2.2 场地规划

一个自成一体的枯叶蛱蝶养殖园主要包括寄主植物区、成虫生活园、养虫室、多功能室、器材间和消洗池等 6 部分(图 7-1)。其中，寄主植物区占据了养殖场的绝大部分面积，用于栽植幼虫的食料植物。在靠近成虫生活园和养虫室的寄主植物区内，须单独划出一个区域作为低龄幼虫放养专用寄主植物区，用于套袋放养 1～3 龄期幼虫，这个区域占整个寄主区面积的约 10%。放养专用寄主植物区以外的其他寄主植物栽植地为采割食料区，提供室内饲养幼虫的食料叶片。成虫生活园提供成虫取食、求偶、交配和产卵的场所，养虫室用于饲养 4 龄以上的幼虫，多功能室则主要承担羽化、储料(暂存一天内幼虫取食的食料植物枝叶)、卵保育及越冬保种等 4 项功能。拟用于栽植寄主植物的地块，要求其地势适度高亢，便于排水。养虫室、多功能室和器材间须建在荫蔽且通风条件较好的地段。在周边农地化学杀虫剂施用频繁的地方，在养殖园外围栽植常绿树种形成绿篱带，可有效减轻因杀虫剂随风飘散造成的药害，同时也增加了养殖园区的美观度。

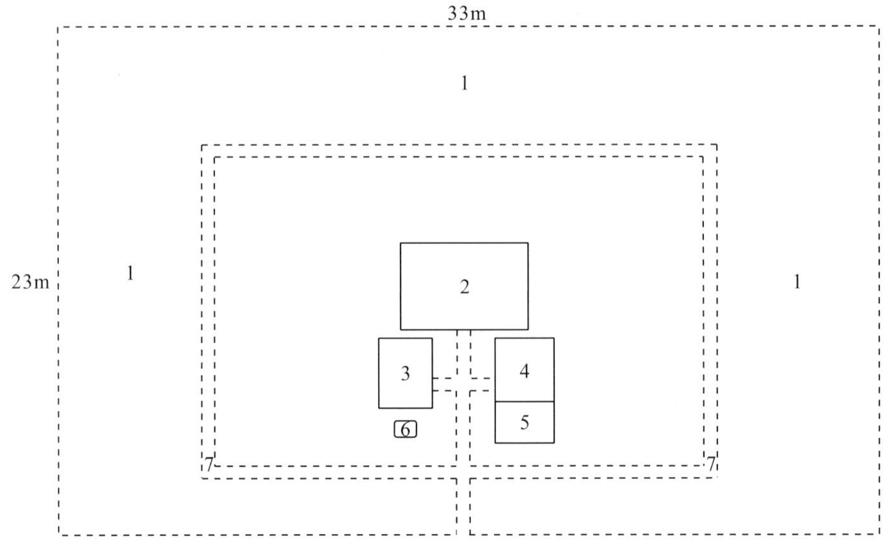

图 7-1 一种家庭式枯叶蛱蝶养殖园的场地布局示意图

1. 寄主植物园；2. 成虫生活园；3. 养虫室；4. 多功能室；5. 器材间；6. 消洗池；7. 主道路

养殖园的占地面积则主要根据产品的预期销量确定，估算依据如下：

(1) 在管理良好的条件下，平均每亩寄主植物年产枯叶蛱蝶成虫 1.6 万头。

(2) 假定养殖分别安排在春秋两季进行(避开夏季高温时期)，每季各养 0.8 万头。

(3) 卵至成虫羽化的总成活率约 40%(其中卵的孵化率约 90%，1 龄幼虫成活率约 80%，2～5 各龄幼虫和蛹期各约 90%成活率)，则每季需要蝶卵约 2 万粒。

(4) 考虑到个别雌成虫提前生殖休眠、雌成虫遭天敌捕食或其他原因造成种蝶死亡，并忽略早期和晚期卵(只取中间部分卵粒用于人工饲养)，每头雌成虫的平均产卵量估算为 250 粒，则每季需要雌性种蝶约 80 头(另也需配备 80 头雄成虫用于交配)。

(5) 在高度为 3.5m 的普通长方体形成虫生活园中，按 1 头/m^3 的密度释放产卵雌成虫(密度过大，雌成虫产卵期间会互相干扰)，则理论上需约 23m^2 的成虫生活园，实际设计为 24m^2。

(6) 每平方米的养虫室空间，每个养殖季可饲养出约 550 头蛹，每年可生产出 1100 头蛹，羽化成虫 990 头(健蛹率按 90%估算)，则需要配置约 8m^2 养虫室。

(7) 多功能室 10m^2，器材间 6m^2，二者合计 16m^2。

对于相距不远的数个小型养殖园，则完全可以共用一个成虫生活园。在快递业务能够及时到达的地方，相距很远的养殖园之间也可共享成虫生活园。显然，共用成虫生活园可以大大节省设施投入和人工成本。准备对社会开放的观光型养殖园，规划时最好将生产区与观光区适度分离。

根据预期销量及上述参数确定养殖园占地面积和设施规模后，即可进行寄主植物育苗。本书作者推荐使用球花马蓝作为枯叶蛱蝶幼虫的食料植物，其叶产量远较其他两种当地主要寄主植物为高。球花马蓝对土质的要求不高，但在偏酸性、富含有机质的壤土中长势更好。即使在贫瘠的红壤中，只要施足底肥，球花马蓝依旧能生长良好。

7.2.3 设施修建

1. 寄主植物区附属设施

球花马蓝喜半阴、怕日灼和霜冻，故其栽植地上方须搭建 60%～80%遮光率的遮阳网。

在采割食料区搭建平顶遮阳网架。为便于采叶操作，遮阳网架高度应为 1.8～2m，以 35mm×35mm×2mm 镀锌方管(或其他类似材料)作为支柱，用竹竿作顶部横向和纵向托杆。不建议用树棒或竹竿作遮阳网支柱，但有条件的养殖户可在采割食料区内建镀锌管遮阳拱棚。

在低龄幼虫放养专用寄主植物区搭建跨度为4m、顶高2.0m的遮阳遮雨拱棚，四周以浅水沟将拱棚与外面隔离，防止蚂蚁入内危害卵瓶中尚未孵化的卵。搭建拱棚时，棚外先覆盖一层塑料薄膜垫底，在塑料膜的上方再加盖遮阳网。

2. 成虫生活园

成虫生活园是供枯叶蛱蝶成虫取食、交配和产卵的一个封闭场所，是整个养殖园的心脏，以遮阳网或防虫网搭建为网室的形式。为了减少雄成虫对产卵雌成虫的干扰，随着雌成虫陆续完成交配，须将多余的雄成虫从园中清出，园内维持大约1∶1性别比例即可。也可分别设置交配园和产卵园。这时，就需要在交配园和产卵园之间另行设置一个小空间，用于放置交配中的雌雄成虫。待雌成虫交配结束后，即可将其释放到产卵园中，而与之配对的雄成虫可释放回交配园内。

成虫生活园可以修建为任意几何形状，但推荐为长方体形，建造时最为简便。枯叶蛱蝶是一种偏好停息的蝴蝶，不像绝大多数其他蝴蝶那样执着地从夹缝或角落向外出逃。长方体顶高3.0～3.5m，过高不利于清除侵入园内的捕食者，过低则降低了园内的有效空间，长宽可依地块条件灵活调整。以40～50mm镀锌管作为立柱，四周和顶部拉8号铁丝，外面覆盖30～50目防虫网或60%～80%遮阳网。入口处设置约2m^{2}缓冲间，缓冲间的一个出口通向外面，另一道出口进入成虫园内部，以防成虫在人员进出时逃出园外。

为营造适宜成虫生活的环境，网室内需栽植少量常绿遮荫植物，这类植物可以是乔木、高灌木，也可以是竹类，定期修剪，高度以树冠不破坏园顶为准。另外，还需配置一些小灌木或多年生高草本植物供成虫停息，高度在1.0～1.5m为宜。在成虫园周围，栽植隔离兼遮荫的常绿树种，将成虫园隔离在一个相对独立的小环境中(图7-2)。

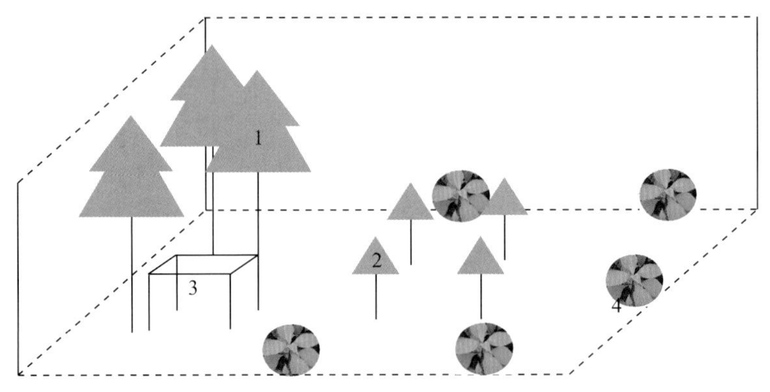

图7-2　一种枯叶蛱蝶成虫生活园内部设置示意图

1. 遮荫植物；2. 停息植物；3. 喂食架；4. 产卵位

成虫生活园内设置喂食架和产卵场所。喂食架可以竹竿或树棍搭建，放置在园内荫凉处，其上放置喂食盘。产卵场所设置在距离遮荫树较远处的网室边缘、距离园边约 50cm 处，可以设置多个。在每个产卵场所放置盆栽寄主植物 1 株(接卵植物)。

3. 养虫室

建于地势较高且干燥、平坦、周围荫蔽的地段，以彩钢板或类似材料搭建，也可将闲置住房稍作改装后用于养虫。养虫室门窗需加装 60～80 目尼龙纱窗和纱门，房间前后各安装换气扇 1 台。

当养殖规模不大时，一些常用的农家器具，如背篼、箩筐、塑料桶、塑料盆等，都可以用于养虫。此时，在养虫室内只需搭建一些架台用于放置这类简易容器。当饲养规模较大时，推荐一种枯叶蛱蝶幼虫饲养笼(图 7-3)。单个饲养笼为长方体形，长宽高分别为 80cm、60cm 和 80cm，框架以硬质木条或合金型材制作。笼内左右两侧在距底部约 20cm 处，各固定一根长度为 80cm 的纵向竹竿，再将 60cm 长度的竹竿横向放置在纵向竹竿上方，相邻两根横向竹竿之间相距约 15cm。在竹竿上面铺一张孔径 0.6～1.0cm 的塑料网。笼的四周及上部以 60～80 目尼龙纱封闭。在笼的正面和顶部各保留 1 个开口，用于添加幼虫食料和取蛹清笼。饲养笼可设计为双层多联体，以充分利用养虫室空间。

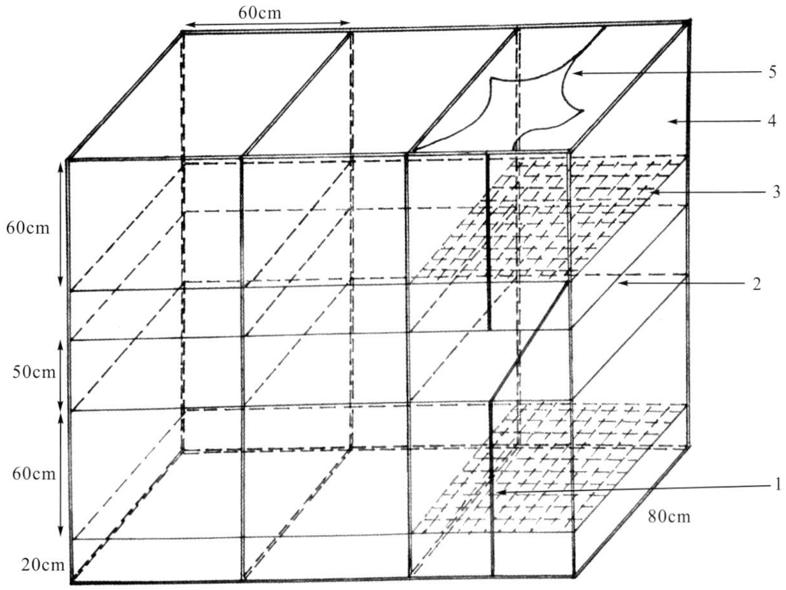

图 7-3　一种枯叶蛱蝶幼虫饲养笼构造示意图(双层三联体)

1. 正面开口；2. 接粪板；3. 脱粪筛网；4. 外围纱网；5. 顶部开口

4. 多功能室

多功能室是存放和羽化蛹的场所，也兼作储料间、越冬保种室和卵保育室，以彩钢板搭建。室内放置若干个三层木架或金属架，每层高 0.5m、宽 1.3m，长度则依房间而异。用于卵期保育或成虫羽化前，将架子的立柱置于盛水的碗、盆等容器中，防止蚂蚁沿立柱爬进羽化箱中危害蛹或进入卵瓶内危害卵。若架子的支柱为木质，可在盛水容器中放入砖块，以免支柱接触到水而加快腐烂。在架子的各层上放置羽化箱，另留出一定空间放置卵瓶。羽化箱可用不同材料制作，长和宽均为 0.6m，高度为 0.4m，正面留纱门，其余各面封闭。

5. 器材间

用于存放药品、农资、农具和洁净的养虫器具，以彩钢板搭建。

6. 消洗池

用于清洗和浸泡消毒可移动养虫器具，以水泥和砖砌成，长和宽各 1m、深 0.8m，池底部留有出水孔。

7. 主要道路

养殖园内的道路分为主要道路和辅助道路两类，其中主道宽度应在 100cm 以上。无论哪种道路，都应尽量避免硬化地表。设施集中区的主道，可以耐火砖铺设；寄主植物区内部的主道，可以是一般土路，也可铺上少量砂石或碳渣。

7.2.4 寄主植物培育

如同栽桑养蚕，培育幼虫的食料植物是人工养殖枯叶蛱蝶最重要的基础工作，食料植物育苗应当提前于大部分基础设施修建。寄主植物的培育包括了育苗、移栽、水肥管理和病虫害防治等，目标是最大限度地提高叶片产量和质量，降低管理成本，取得预期的经济生态效益。

1. 育苗

采用嫩枝扦插法培育球花马蓝幼苗，四季均可进行，但以春秋两季为佳。选壤土或沙壤土、排水良好的地块作苗床，在苗床上方 1.8m 处覆盖 60%～80%遮光率的遮阳网。育苗前一天，将土壤用水浇透。摘取野外健壮球花马蓝植株上约 15cm 长的嫩枝（3 对叶 1 心），插入土壤 4～5cm 深。保持苗床土壤润湿，勤除杂草。若春季育苗，6 月初可以移栽；秋季育苗，次年开春发叶前移栽。

2. 移栽

当球花马蓝幼苗长出 2 对新叶时即可移栽。选地势微斜、排灌方便的地块，按株距 30cm、行距 45cm 挖 30cm×30cm×30cm 栽植穴，施钙镁磷复合肥约 0.1kg 作底肥，以细土轻盖底肥后，带土移栽幼苗，每穴 1～2 株。

3. 苗期管理

保持田间土壤湿润，有条件时可开沟浸灌，每周一次，及时以人工方式清除田间杂草。幼苗成活后施肥 2 次，以氮肥和农家肥为主，第一次追肥在移栽 30 天后进行，60 天后第二次施肥。如是春季移栽，秋季即可投入使用。在每穴栽植 2 苗的情况下，秋季每亩枝条数可达到 60000～90000 根，即 80～130 根/m^2，平均高度 0.6m，覆盖率达到 100%。通常情况下，夏秋叶的产量超过春叶的产量，而春、夏和秋叶总产叶量能达到 3500kg/亩①以上，理论上可供 20000 头枯叶蛱蝶幼虫取食。

4. 病虫草害防治

球花马蓝的害虫种类虽多，但很少造成严重危害(达到需要防治的水平)。蚜虫是最主要的害虫，侵染球花马蓝的嫩梢，严重时可造成植株死亡。防治上，应在早期发现受害枝梢予以人工摘除，必要时以 80%敌敌畏乳油 1200 倍液喷雾防治，用药后第 4 天即可采叶育虫。目前尚未发现有严重危害球花马蓝的病害。球花马蓝成株后长势旺盛，普通田间杂草很难与其竞争，故而寄主植物区建成后，后期重防止水涝，不需要投入大量精力除草、施肥、防虫和防病。

除了上述的集中栽植模式，还可利用养殖园附近、具备一定土壤条件的零星空地，分散栽植寄主植物，增加幼虫食料供给。

7.2.5　其他常用器材准备

其他常用器材主要包括幼虫放养袋、喂食盘、成虫食料、收卵瓶、羽化箱、冷藏箱、消毒器具、消毒药品及常用农具农资等。幼虫放养袋用于放养 1～3 龄期小虫，以 60～80 目尼龙或腈纶纱网制作而成，边口 60cm，深 80cm。每亩寄主植物配备 200 条放养袋即可满足需要。收卵瓶为有盖的小塑料瓶，推荐使用口径 3cm、高 7.5cm 的塑料瓶收集和保育卵，使用前以微型电烙铁在瓶底穿出十余个小孔，以免挂卵放虫期间瓶内积水。喂食盘用于装放成虫食物，任意盘状物品均

① 1 亩≈666.7 平方米。

可用作喂食盘；冷藏箱用于短期储藏新化蛹。

仅糖类物质，无论单糖或双糖，即可满足枯叶蛱蝶成虫补充营养的需要。各种水果均可作为枯叶蛱蝶成虫的食物，在峨眉山当地尤以李、葡萄、柿和梨等为佳。可在各种水果上市期间，大量购买次品、甚至半腐烂的废品，贮藏在大型塑料桶内任其自然发酵备用，这种发酵液可以持续使用 1 年以上。在缺乏水果贮存的地方或季节，也可使用蔗糖水溶液作为成虫食物，而完全不必使用蜂糖或其他价格较高的材料，也不必想当然地在成虫食物中加入蜂王浆或者氨基酸之类的“补品”。没有证据表明，这类人们主观认为的“补品”物质能够显著提高产卵量或者卵的孵化率。

推荐使用而且仅使用漂白粉作为虫室和虫具的消毒药。相比其他蝴蝶，枯叶蛱蝶的疾病相对较少，只要管理好虫口密度和温度条件，幼虫很少发病。漂白粉价格低廉，使用方便，使用时对环境条件要求不高，消毒谱广，对病毒多角体、细菌和微孢子虫的孢子都有很强的杀灭作用。

7.3 成 虫 喂 养

在喂食盘中放入水果和/或水果发酵液(图 7-4)，必要时可在食物上面铺设一张纱网，以免食物中的液体黏住取食中的成虫。添加食物后，再向盘中喷添少量工业乙醇。成虫对食物的品质要求不高，实际上，野外成虫正是依靠腐败食物中散发出的挥发性化合物找到其食物的。因此，成虫食物不必每日更换，只需及时往盘中补充发酵液或糖水即可。若遇大雨将盘中食物严重稀释，则需要重新加装食物。

图 7-4 枯叶蛱蝶成虫喂食

7.4　卵的收集和保育

7.4.1　卵的收集

枯叶蛱蝶雌成虫喜好在周围有较高杂物的寄主植物上及寄主植物周边的杂物上产卵，因此应将供雌成虫产卵的寄主植物(接卵植物)放置在成虫生活园的边角位置，远离遮荫树或停息灌木。

每日产卵开始前，在寄主植物旁边的成虫生活园边壁上，用夹子固定一张长宽均为 2m 的尼龙纱网，纱网的下缘接近地面。如此，除部分卵被产在寄主植物叶片上，其余绝大多数卵则被产在纱网上。

枯叶蛱蝶的卵期天敌众多，必须将每日产下的卵收集起来，集中在室内保育。除了天敌危害，若将卵留在田间过夜，次日晨卵壳为露水或雨水所湿，易黏附在手指上给收集造成困难。若将不同日期产下的卵混在一起，增加了个体间发育的不整齐度，会给后期的挂卵放虫和室内饲养带来不利影响。因此，当雌成虫基本结束了一天内的产卵活动后(大约在下午 18:00 前后)，应将卵从寄主植物和纱网上收下。收卵时，用手指轻轻地将卵从寄主植物叶上抹下，放在收卵瓶内，每瓶 100 粒。对于被产在纱网上的卵，先将纱网取下，平铺在平整地面，然后用手掌轻轻将卵从纱网上搓脱，提起纱网四角，将卵集中到纱网中部后，再计数分装入收卵瓶内。

7.4.2　卵面消毒和卵期保育

卵面消毒的目的，是消灭可能存在于卵壳上的微孢子虫和病毒，防止初孵幼虫取食卵壳时摄入感染，这项工作从卵收集下来到孵化前 1 天均可进行。市场上出售的漂白粉一般含氯量为 25%～30%，用时取 1 份漂白粉兑水 36～40 份，静置 30 分钟后取其上清液。将装有待消毒卵的卵瓶置于消毒盆内，将消毒液倒入卵瓶中，轻轻摇动卵瓶使卵浸没在消毒液中，封闭瓶口，静置 20 分钟。倒去瓶内未从瓶底小孔漏出的消毒液，将卵瓶放置在多功能室的架子上、在自然温湿度条件下保育。同一批卵的发育历期只相差 1～2 天，大约 90%的卵会在同一天内孵化。春季气温较低时，卵的发育历期较长，如果幼虫不是在空调室内饲养，不宜加温促孵，因为卵的发育速率需要与寄主植物的生长同步。而在秋季，如遇连续低温天气，可将卵转入可加温的房间内，适度升温促进其孵化。

在每个繁殖季的初期和后期产卵雌蝶较少，或者由于天气不佳，单日产下的卵不多。此时，可将每日收取的卵置于 12～15℃低温下冷藏数日，待卵粒收集到足够数量后再一同取出保育。低温贮卵也是调节活体产品供应期的有效方法之一。

7.5 幼虫饲育

幼虫期的养殖分为小虫期的室外放养和大虫期的室内饲养两个阶段。室外放养是让幼虫直接在寄主植物的活体植株上取食，通常要对放养幼虫采取套袋保护措施，而室内饲养则是指从田间采摘食料枝叶在室内容器中饲育幼虫。室内饲养具有环境条件稳定、天敌少、操作方便等优点，放养则具有食料新鲜、通风透光等优点。

1～3 龄为小虫期，其养殖适用于室外放养，4～5 龄为大虫期，适用于室内饲养。这种分两个阶段分别采用两种方式饲育的养殖模式，是由不同阶段幼虫的生活习性决定的。小虫期取食缓慢，喜食嫩叶并停息在叶片下方。采摘的枝叶难以保鲜，失水萎蔫甚至发黄变质后，既不为低龄幼虫喜食，也不能为幼虫提供停息空间，大部分小虫在四处游荡中最终饿死。大虫期则不同，它们取食量大，可迅速将新添加的叶片食尽，然后躲藏到饲养笼下方或残余枝叶下方阴暗场所停息。

7.5.1 小虫放养

小虫放养在放养专用寄主植物区内进行。在少量卵开始孵化、大量卵即将孵化之际，用力摇动将要用于放养小虫的寄主植株，务必将其上的蜘蛛、螽斯及蚂蚁等捕食性天敌彻底驱除。然后，将卵瓶用夹子夹或以铁丝套挂在寄主植物叶片茂盛的枝条中上部，揭下瓶盖，这个过程称挂卵放虫。最后，将放有卵瓶的寄主植株整体套入幼虫放养袋内，系紧袋口，幼虫孵出后能自行爬出卵瓶上叶栖息。

7.5.2 大虫饲养

当放养袋内的绝大多数幼虫进入 4 龄后(此时部分幼虫可能已发育至 4 龄中期，而极少数发育延后个体尚处于 3 龄末期)，便要将其及时转入养虫室内饲养(图 7-5)。不建议在田间放养大虫至化蛹，主要有两个原因。首先，存在啮齿类动物咬破放养袋或放养笼偷食蛹的重大风险。其次，越往后幼虫发育越不整齐，在食料叶片缺乏时，新化蛹容易遭到发育延后幼虫取食。

图 7-5　室内饲养笼中饲养的枯叶蛱蝶 5 龄幼虫

转虫时，用枝剪在放养袋下方将寄主植物枝条剪断，将套有枝条的放养袋带回到养虫室外面清理。清理时，将小虫连同其附着的枝条一同放入饲养笼内，在旧枝条上方加入薄薄一层新鲜枝叶。

在双层连体式饲养笼组合设计中，上下笼的光照和温湿度条件不一致，饲养的虫口密度也有所差异。对于枯叶蛱蝶幼虫而言，下层笼中的条件优于上层，故而下层笼中的饲养虫口密度也应高于上层笼。建议在上层每笼中放入 360 头 4 龄幼虫，而在下层每笼中放入 450 头。设定饲养虫口密度的依据主要在于，饲养笼内需有足够空间供老熟幼虫化蛹。虫口密度过低不能充分利用饲养笼空间，而若虫口密度过高，则老熟幼虫在有限的最佳化蛹场所(饲养笼下部相对阴暗的位置)相互拥挤，造成前蛹、新蛹脱落或受伤。此外，末龄幼虫体表棘刺尖硬，头角很脆，幼虫之间的相互接触甚至打斗，极易导致表皮损伤和头角断裂，从而感染疾病。

推荐剪枝采取供大虫取食的寄主植物枝叶，因为附着在枝条上的叶片失水更慢，且枝条本身也为幼虫提供了更多取食和栖息空间，满足了幼虫散栖的习性。食料枝叶在清晨露水未干时或傍晚叶片恢复水分后采割为佳，采回后堆放在多功能室内，以打有小孔的薄膜将其覆盖，必要时喷水保湿。

投喂食料前，先将病虫枝去除，将枝条抖松平铺约半小时，适度晾干叶面水分(不需要完全晾干)。一天投喂 3 次，第一次在早晨 7:00～8:00，第二次在 11:30～12:30，第三次在下午 18:00～19:00，早晚多投、中午少投。勤查幼虫取食情况，发现不足及时补充，发现剩余可移往别笼。在大量幼虫蜕皮期间，若遇连续干热天气，可在饲养笼内喷水雾适当增加湿度，或覆盖薄膜保湿。在幼虫尚未老熟期间(4～5 龄中期)，每天傍晚投料前，清除笼内的食料残枝后再投入新的枝叶，而当发现有幼虫老熟时(停止取食、四处爬行寻找化蛹场所)，最迟在发现有前蛹出现时，即停止清理笼内残余食料，因为有相当大一部分幼虫会选择在枝干下方化蛹(图 7-6)。

图 7-6　饲养笼内枯叶蛱蝶幼虫化蛹在食料枝干下方

在大量幼虫开始老熟时，在饲养笼内食料枝叶的上方放置 1 个至数个小型竹制筐篼，用于增加化蛹位置。由于发育延后幼虫会取食新化的蛹，有时也会造成严重损失，因此在绝大多数幼虫化蛹后，应及时将发育迟缓个体分离出来，避免其残食新化蛹，同时也可保证化蛹的整齐度。

7.6　蛹的采收和包装

末龄幼虫的发育很不整齐，部分幼虫会早于其他幼虫化蛹。此时，不要急于采收先化的蛹，而应待所有蛹的外壳硬化后再集中摘取。气温高时，蛹壳的硬化速度快，反之则慢。取蛹时，自上而下轻轻逐根捡起食料残枝，以小剪刀剪断枝干下方蛹的臀棘和丝垫之间的连接部，将摘下的蛹放在篮筐内。若遇外壳尚未充分硬化的蛹，则将其连同附着的枝条放置在空旷处。

在正常养殖季，蛹期通常只能维持 7～10 天。故而需要外运的蛹，应在其外壳硬化后尽快摘取。若一两日内收取的蛹数量不足，可以将先收取的蛹置 15～18℃ 下贮存数日，待足量后再集中发运。这里推荐一种用小型塑料框(长、宽和高度分别约 35cm×25cm×8cm)包装外运蛹的简单方法。先在框底部垫上废报纸或其他柔软杂物，然后在垫底物上面放置一层吸水纸。用柔软的物品将单头蛹包裹好，紧挨着放在框内。每放置一层蛹，其上须加铺一层吸水纸，然后再在吸水纸上面放置另一层蛹，直至装满篮筐为止。用稍宽于塑料框开口的纸板盖住框口，以塑料胶带固定纸板。最后，将两个相同型号的塑料框对扣，以胶带将其紧紧固定，即可交由快递装箱发运。

7.7　成 虫 羽 化

散放在羽化箱底板上的蛹完全能够正常羽化，新羽化成虫迅速爬到附近空旷处悬掉起来，伸展翅膀。不需要将待羽化的蛹悬挂在其他物品下方以保持其自然化蛹姿势。羽化时需有专人看管，防止羽化高峰期成虫互相抓伤。

7.8　消 毒 防 疫

尽管目前尚未发现有造成枯叶蛱蝶各虫期大规模死亡的病原物，但在养殖生产中仍不能掉以轻心，尤其是在疾病多发的夏季和秋季。建议采取的防疫措施包括但不限于：①保持养虫室通风；②提供水分含量充足的新鲜食料；③勤打扫和清洗养虫室；④卵面消毒；⑤及时发现、清除发病幼虫；⑥严格控制虫口密度；⑦提供额外化蛹场所。相关内容已在前文述及，不再赘述。

7.9　越冬种蝶保存

以 9 月下旬至 10 月上旬期间羽化的雌雄成虫作为次年春季养殖的种源。将初羽化的种蝶放入成虫生活园中喂养，提供充足的食物任其取食 2 个月左右时间(图 7-7)。在每天例行检查中，若发现有求偶、交配和产卵的个体，即将其清除出种蝶群体，因其不能存活到次年春季。一般情况下，不需要人工干预成虫生活园内的温湿度条件，但若遇长期干旱，则以农用喷雾器于中午时分在园内喷水加湿。11 月下旬至 12 月上旬，将越冬成虫转入多功能室内保育，每周喷雾喂水一次，严防老鼠入室危害。

图 7-7 枯叶蛱蝶越冬种蝶

7.10 养殖种群幼期虫态的主要死亡原因

通常情况下，从卵到成虫羽化，枯叶蛱蝶养殖种群中的死亡主要发生在卵期和 1～2 龄幼虫期，其次为 3 龄(可能含部分 4[*]龄)期和末龄(大多为 5 龄，不排除有少量 6 龄个体)期，而 4 龄幼虫的死亡率极低。卵期的死亡原因主要为未受精或胚胎死亡，幼虫期的死亡原因主要为疾病和前蛹脱落，蛹期的主要死亡原因为疾病。为了引起养殖者对前蛹脱落的重视，下面将前蛹期作为一个独立于幼虫期的单独虫期。

在 2006 年春季的养殖试验中，卵的孵化率为 88.17%，卵未孵化的原因包括未受精(无任何胚胎发育迹象)和胚胎死亡(可能与低温有关)。在幼虫阶段，1 龄期是种群损失最大的阶段，死亡率为 8.85%，其次是 3 龄和末龄期，4 龄幼虫的死亡率仅为 0.32%。不计前蛹期在内，整个幼虫阶段的死亡率为 16.32%(表 7-1)。前蛹期死亡率为 3.97%，主要原因为脱落。由于前蛹臀足的趾钩与其所附着的丝垫之间的结合有时并不牢固，容易受到触动而掉落，形成畸形蛹。这种畸形蛹常不能羽化或只能羽化为畸形成虫，故脱落的前蛹应计入死亡。蛹期病死率为 6.02%，其中很大一部分病蛹在其末龄幼虫阶段就已表现出病征，但仍完成了化蛹，只是在蛹期最终死亡。

表 7-1　2006 年春季枯叶蛱蝶人工养殖种群的幼期生命表

虫期		X 期开始存活数/头	死亡因素	X 期内死亡数/头	X 期内死亡 100/%	X 期内存活率/%
卵		820	未受精 胚胎死亡	97	11.83	88.17
幼虫	1 龄	723	疾病	64	8.85	91.15
	2 龄	659	疾病	24	3.64	96.36
	3 龄	635	疾病	16	2.52	97.48
	4 龄	619	疾病	2	0.32	99.68
	5 龄	617	疾病	12	1.94	98.06
	合计	723	疾病	118	16.32	83.68
前蛹		605	脱落	24	3.97	96.03
蛹		581	疾病	35	6.02	93.98

在 2006 年秋季的养殖试验中，卵孵化率为 91.71%，幼虫期的阶段死亡率明显上升，达到 30.37%，而前蛹期和蛹期的死亡率没有明显变化(表 7-2)。1 龄幼虫死亡率上升，可能与阴雨低温天气有关。几乎所有成虫进入生殖滞育越冬，绝大多数越冬成虫存活至次年春季。

表 7-2　2006 年秋季枯叶蛱蝶人工养殖种群的幼期生命表资料

虫期		X 期开始存活数/头	死亡因素	X 期内死亡数/头	X 期内死亡 100/%	X 期内存活率/%
卵		700	未受精 胚胎死亡	58	8.29	91.71
幼虫	1 龄	642	疾病	107	16.67	83.33
	2 龄	535		35	6.54	93.46
	3 龄	500		17	3.40	96.6
	4 龄	483		20	4.14	95.86
	5 龄	463		16	3.46	96.54
	合计	642		195	30.37	69.63
前蛹		447	脱落	36	8.05	91.95
蛹		411	疾病	24	5.84	94.16

由此可见，在人工养殖条件下，最大程度地避免了天敌的捕食和寄生，枯叶蛱蝶各阶段的存活率都较高。现有的人工养殖技术是成熟的，枯叶蛱蝶的人工繁育在技术上是完全可行的。

7.11 养殖种群成虫的主要天敌

2006～2007 年，在近自然实验网室内导致枯叶蛱蝶雌成虫死亡的主要原因为捕食和断翅。蜘蛛和螳螂是造成繁殖季雌成虫死亡的主要捕食者，而鼠类则对越冬成虫造成较大危害(表 7-3)。在繁殖季，蜘蛛的种类和数量众多，活动场所隐蔽，难以从实验园内彻底清除。有时在纱网外面活动的大型蜘蛛也能捕食停息在成虫园边壁上的成虫。螳螂虽然也是野外成虫的主要天敌之一，但其喜在明亮处活动，捕食停息在树叶上的成虫，容易被发现和清除。相对于野外，实验网室内的空间仍显狭小，部分雌成虫在与园边或园内树木的擦撞中，前翅在基部折断。另有极少数雌成虫，死亡时虫体和翅膀都较完好，没有任何被捕食的痕迹，其死亡可能与疾病有关。

表 7-3 枯叶蛱蝶养殖种群中雌成虫的死亡原因*

成虫类别	2006 年				2007 年			
	样本量/头	死亡因素	死亡数/头	死亡率/%	样本量/头	死亡因素	死亡数/头	死亡率/%
夏季繁殖雌成虫	385	断翅	25	6.49	176	断翅	15	8.52
		蜘蛛捕食	39	10.13		蜘蛛捕食	29	16.48
		螳螂捕食	3	0.78		螳螂捕食	4	2.27
		不明	4	1.04		不明	3	1.70
		产卵后死亡	314	81.56		产卵后死亡	127	72.16
		合计	385	100.00		合计	178	100.00
越冬代雌成虫	382	断翅	11	2.88	254	断翅	5	1.97
		蜘蛛捕食	20	5.24		蜘蛛捕食	14	5.51
		鼠类捕食	83	21.73		鼠类捕食	43	16.93
		螳螂捕食	0	—		螳螂捕食	3	1.18
		不明	22	5.76		不明	18	7.09
		产卵后死亡	246	64.40		产卵后死亡	171	67.32
		合计	382	100.00		合计	254	100.00

*，雄成虫不直接参与繁殖后代，故其死亡原因被忽略。

第 8 章　峨眉山枯叶蛱蝶种群的物种属性

在分类学文献中，关于峨眉山枯叶蛱蝶的最初记载出现在英国昆虫学家Leech于1892年出版的专著《中国、日本和朝鲜的蝶类》中。在这部巨著里，Leech将包括峨眉山在内的中国西部地区的枯叶蛱蝶归属于模式标本采集于尼泊尔的*Kallima inachus*。次年，英国人Swinhoe根据5头标本，将峨眉山枯叶蛱蝶作为一个独立物种，即*Kallima chinensis*，发表在英国《自然历史年鉴》(*Annals and Magazine of Natural History*)第12卷70期上，但他的意见并未得到Leech及同时代多数学者的认可。后来的蝴蝶分类学者主要依据雌雄外生殖器的特征，将中国长江流域及邻近地区的枯叶蛱蝶作为*K. inachus*的一个亚种，即枯叶蛱蝶中华亚种*K. i. chinensis*。迄今，大家对于这个观点鲜有质疑。由于峨眉山枯叶蛱蝶在翅膀形态上明显有别于*K. inachus*指名亚种，同时也由于翅膀形态和生殖器特征在鳞翅目昆虫物种界定中的局限性，在本书写作过程中，作者深感有必要重新审视峨眉山枯叶蛱蝶种群作为*K. inachus*一个亚种的适当性。

本书作者早前曾采集了枯叶蛱蝶属部分地理种群标本，测定了这些标本的线粒体基因*COII*和*Cyt b*部分序列，开展了峨眉山枯叶蛱蝶与云南南部枯叶蛱蝶的杂交实验。序列测定和杂交实验结果一度令作者深信，峨眉山乃至整个四川盆地-中国大陆东南部-台湾-琉球的枯叶蛱蝶种群应是一个独立物种，即Swinhoe发表的*Kallima chinensis*。但在阅读了日本学者Nakamura发表于2014年的"Distribution of *Kallima inachus*（Doyère，[1840]）and related species（Lepidoptera，Nymphalidae）in Indochina and adjacent regions with status alteration of *Kallima inachus alicia* Joicey & Talbot，1921"一文后，作者意识到当年被用于序列测定的部分标本及其后被用于杂交实验的云南南部样品并非*K. inachus inachus*，而是Nakamura文中报道的*K. limborgii incognita*；基因测序中所用的泰国清迈标本也未必就属于尼泊尔的*K. inachus*。况且，无论翅膀形态特征、雌雄生殖器特征，或是分子证据，都不能作为判定峨眉山种群分类地位的直接、决定性的依据。由于迄今未能获取到尼泊尔一带的*K. inachus*指名亚种标本用于线粒体基因测序，或活体材料用于开展杂交实验，在本书中峨眉山枯叶蛱蝶种群的分类地位亦未有最终定论。为避免混乱，本书仍沿用了当前的主流观点，将峨眉山枯叶蛱蝶种群作为*K. inachus*的中华亚种。

本章首先对目前较为公认的枯叶蛱蝶属(*Kallima*)种级分类单元及*K. inachus*

种下分类单元进行一番梳理，进而结合翅膀形态、外生殖器特征及线粒体基因 *CoII* 片段序列差异，对峨眉山枯叶蛱蝶种群的分类地位进行了初步探讨。

8.1 枯叶蛱蝶属 *Kallima* Doubleday，1849①

枯叶蛱蝶属（*Kallima*）属于蛱蝶科（Nymphalidae）蛱蝶亚科（Nymphalinae）枯叶蛱蝶族（Kallimini）[昆虫纲（Insecta）：鳞翅目（Lepidoptera）]。枯叶蛱蝶族现知包含了 4 个属（*Kallima*、*Doleschallia*、*Catacroptera* 和 *Mallika*），其中的种类在翅膀腹面都有类似枯叶色斑的伪装，但以枯叶蛱蝶属种类的枯叶伪装最为逼真。

该属由英国博物学家 Edward Doubleday 创立，模式种为 *Kallima paralekta* (Horsfield，1829)［原记载文献中为 *Paphia paralekta* (Horsfield，1829)］，模式标本采集地为印度尼西亚的爪哇岛。属名“*Kallima*”来自希腊文，意为“精美的事物”。本属蝴蝶在停栖时，常将翅膀合拢竖立于身体背面，外形很像一片干枯的树叶，故习惯上常被统称为枯叶蛱蝶、枯叶蝶或木叶蝶等。其常用英文名包括：The dead leaf、The dead leaf butterfly、The oakleaf（oak leaf）、The oakleaf butterfly、The leaf butterfly 等。

枯叶蛱蝶属中究竟有多少个现存物种，目前并未、短期内似乎也无法完全弄清楚。19 世纪的博物学家，主要依据翅膀的形状和色斑特征划分枯叶蛱蝶属内物种，一些学者甚至根据翅膀腹面的伪装色差异发表新种，导致早年的文献记载中出现大量的无效种名②。Fruhstorfer（1912）对当时繁多的枯叶蛱蝶属种级单元进行了修订，认为在印度次大陆上，所有前翅具橙色中斜带的个体均属于同一物种 *Kallima inachus*。这个观点后来被包括白水隆、森下和彦和塚田悦造等在内的多数学者承袭，并被扩展到中南半岛及以北地区。

---

① *Kallima* 属定名人及定名年代参考 Shirôzu 和 Nakanishi（1984）的文献。文献中其他标注还有：*Kallima*（Doubleday, 1849）、*Kallima*（Doubleday, 1850）、*Kallima* Westwood 等。本书作者暂不能考证各家写法的正误。

② 早期文献中记录的枯叶蛱蝶属物种令人眼花缭乱。如依据翅腹面颜色和斑纹划分的“物种”有：*K. atkinsoni* (Moore，1879)、*K. ramsayi*（Moore，1879）、*K. boisduval* (Moore, 1879) 及 *K. buckleyi* (Moore, 1879) 等。还有一些研究者仅根据采集地建立新种，如：*K. philarchus* (Westwood, 1848)、*K. formosana* (Fruhstorfer, 1912) 等。在后来的学术著作中，这些早期的种级分类单元要么被降级为亚种，要么被直接废弃，但目前一些网站上仍将它们作为有效物种名予以保留，给普通爱好者造成了困扰。此外，对于 *K. limborgii*，有的将其视作独立种，有的将其作为 *K. inachus* 的指名亚种，还有些人将其作为 *K. paralekta* 或 *K. inachus* 的异名；*Kallima philarchus* 被部分研究者视为独立物种，而另一些人又将其作为 *K. horsfieldi* 的亚种；一些学者将 *K. knyvettii* 视作 *K. alompra* 的异名或亚种，另一些研究者则视二者为独立的物种，而 *K. alompra* 有时又被部分研究者作为 *K. horsfieldi alompra*；*Kallima buxtoni* 有时被作为独立种，有时又被作为 *K. paralekta* 的亚种。

直到 20 世纪 80 年代初，人们仍将 4 种分布于热带非洲、翅腹面有类似枯叶伪装形态特征的蝴蝶[即 *K. rumia* Doubleday，1849(现 *Kallimoides rumia*)；*K. jacksoni* Sharp，1896(现 *Catacroptera jacksoni*)；*K. cymodoce* Cramer，1777(现 *Junonia cymodoce*)；*K. ansorgei* Rothschild，1899(现 *Junonia ansorgei*))归入枯叶蛱蝶属。如 Morishita(1977)在 *Kallima inachus & Its Allies* 一文中指出，枯叶蛱蝶属包含了 10 个种，其中分布在亚洲东南部的有 6 个种，另外 4 种分布在非洲热带地区(表 8-1)。D' Abrera(1980)尽管对上述 4 种非洲蝴蝶和亚洲枯叶蛱蝶属种类的同源性深表怀疑，但苦无坚实依据，仍将这些非洲种类包含在枯叶蛱蝶属中。

表 8-1　部分研究者给出的枯叶蛱蝶属物种

中村纪雄(2014)[A]	塚田悦造(1985)[B]	白水隆和中西明德(1984)[C]	森下和彦(1977)[D]
K. paralekta (Horsfield，1829)	*K. paralekta* (Horsfield，1829)	*K. paralekta* (Horsfield，1829)	*K. paralekta* (Horsfield，1829)
K. inachus (Doyère，1840)	*K. inachus* (Doyère，1840)	*K. inachus* (Doyère，1840)	*K. inachus* (Doyère，1840)
K. horsfieldi (Kollar，1844)	*K. horsfield i* (Kollar，1844)	*K. horsfieldi* (Kallar，1844)	*K. horsfieldi* (Kallar，1844)
K. albofasciata (Moore，1877)	*K. albofasciata* (Moore，1877)	*K. albofasciata* (Moore，1877)	*K. albofasciata* (Moore，1877)
K. knyvettii (de Nicéville，1886)[G]	*K. knyvettii* (de Nicéville，1886)[G]	*K. alompra* (Moore，1879)[E]	*K. alompra* (Moore，1879)[E]
K. spiridiva (Grose-Smith，1885)	*K. spiridiva* (Grose-Smith，1885)	*K. spiridiva* (G. Smith，1885)	*K. spiridiva* (Grose-Smith，1892)
K. limborgii (Moore，1879)	*K. limborgii* (Moore，1879)	*K. limborgii* (Moore，1878)	*K. rumia* (Doubleday，1849)[F]
K. alicia (Nakamura，2014)[H]			*K. jacksoni* (Sharp，1896)[F]
			K. cymodoce (Cramer，1777)[F]
			K. ansorgei (Rothschild，1899)[F]

A. 其提出 *K. limborgii incognita* 有可能是一个独立物种；B. 其指出亚洲大陆上的 *K. inachus* 可能包含了 2 个物种，但从未明确其所指的枯叶蛱蝶属第 8 种为何；C. 其明确指出应将非洲的 4 个物种移出枯叶蛱蝶属，认为 *Kallima* 属可能有 8～10 种；D. 其认为枯叶蛱蝶属在亚洲有 6 个种(将 *K. limborgii* 视为 *K. paralekta* 的亚种)，另有 4 种分布于热带非洲；E. 部分研究者作 *K. horsfieldi alompra*；F. 此 4 种现已被移出 *Kallima* 属；G. Morishita(1977)、Shirôzu 和 Nakanishi(1984)将其作为 *K. alompra* 的异名，也有人将其作为 *K. alompra* 的亚种[*Kallima alompra knyvetti* (Nicéville，1886)]；H. 原为枯叶蛱蝶海南亚种，中村纪雄 2014 年将其提升为种，并认为该种即为塚田(1985)提及可能存在的枯叶蛱蝶属第 8 种。

Shirôzu 和 Nakanishi(1984)根据外生殖器特征，将前述 4 个非洲种类移出枯叶蛱蝶属，认为枯叶蛱蝶属种类仅分布在亚洲东南部热带-亚热带地区。这个观点后来得到了线粒体和核基因序列证据的支持，目前已被广泛接受。稍后，Tsukada(1985)在其 Butterflies of the South East Asian islands(Part 4. Nymphalidae (I))中指出，枯叶蛱蝶属有 7～8 种。自塚田以后的近三十年中，无人再对枯叶蛱蝶属物种作进一步修订。

直到最近，Nakamura(2014)根据雌雄生殖器特征，将分布于海南岛的枯叶蛱蝶(原枯叶蛱蝶海南亚种 *K. inachus alicia*)及部分亚洲大陆上生活的一些外殖器形态相似的个体提升为一个独立物种 *K. alicia*。他同时指出，一些分布于中南半岛至印度西北部广大区域内的个体(他将其定名为 *K. limborgii incognita*)，具有明显不同于 *K. limborgii* 诸亚种的雌性外殖器形态(囊导管膨大成烟斗状)、翅膀形状和色斑，很可能属于一个尚未定名的新物种。

目前，本属分种中尚存在其他一些问题有待解决。例如，分布于不丹、印度东北部和中国藏东南一带、具有蓝色前翅中斜带的个体，被部分研究者作为独立种 *K. alompra* Moore，1879，另一些人则将其作为霍氏枯叶蛱蝶的亚种 *K. horsfieldii alompra* Moore，1879 或独立物种 *K. knyvetti* Nicéville，1886；分布于中南半岛中北部、具蓝色前翅中斜带的种群，被不同研究者分别作 *K. alompra* 的亚种(*K. a. knyvetti* Nicéville，1886) 或独立物种 *K. knyvetti* Nicéville，1886；*K. philarchus* (Westwood，1848)有时被作为独立物种，有时被作为霍氏枯叶蛱蝶的亚种。类似情形还有不少，在查阅相关文献时足以让人眼花缭乱。

综合现有文献报道，枯叶蛱蝶属较为可信的“物种”为 8～9 个①，这些物种高度集中地分布在印度次大陆-中南半岛及邻近岛屿上，仅 1 种扩展到了秦岭南坡至琉球群岛中北部一线以南地区。

根据 Tsukada(1985)和 Nakamura(2014)的观点，这 8～9 个物种分别为：

(1) *K. paralekta* (Horsfield，1829)。雌雄二型。雄蝶前翅正面的中斜带为橙色、基半部及后翅正面大部为亮蓝色；雌蝶前翅中斜带白色、基半部及后翅大部棕色。本种为枯叶蛱蝶属的模式种，分布于印度尼西亚的爪哇岛和苏门答腊岛等地。常见英文名为 The Indian leafwing、The Malayan leafwing 和 The Malaysian dead leaf，中文名可译为“爪哇枯叶蛱蝶”。

---

① 本章讨论的峨眉山枯叶蛱蝶种群的“物种属性”中“物种”一词，其含义为 Mayer(2001)的生物学物种概念，即物种是一个真实存在、由可相互配育的自然种群组成的集合体，构成这一集合体的各种群与其他种群之间存在着生殖隔离，一个物种就是一个包含全部可相互配育个体的生殖单元。换言之，若种群之间不能交配或交配后不能产生可育后代，则两个种群属于不同物种。然而，由于开展分类单元，尤其是稀有单元间的杂交实验存在的巨大困难，现今绝大多数分类学文献中的“物种”一词乃指分类学家仅根据外部形态和/或 DNA 序列差异划分、未经过杂交实验检验的“形态学物种”或“基因物种”，其实质都只是分类学理论人为划定的“种级分类单元”，其“正确”或有效与否，取决于该分类单元是否符合前述物种定义。

（2）*K. inachus*（Doyère，1840）。除产于中南半岛东南部的种群(即枯叶蛱蝶白带亚种 *K. i. alboinachus*)前翅中斜带为白色(因此被部分研究者鉴定为安达曼枯叶蛱蝶 *K. albofasciata*)外，其他各地种群的雌雄个体均具有橙色中斜带，前翅正面基半部及后翅正面大部区域为青蓝色。常用英文名包括 The orange oak leaf / oakleaf、The Indian oakleaf、The Indian dead leaf、The Indian leaf butterfly 等，常用中文名为：枯叶蛱蝶、枯叶蝶、木叶蝶、木叶蛱蝶和树叶蝶等。一般认为，该种分布于印度次大陆西北部至琉球群岛、泰国至中国秦岭南坡的广大地区。后文将要谈到，中国长江流域及邻近地区、台湾岛和琉球群岛的枯叶蛱蝶种群可能并不属于该种。

（3）*K. horsfieldi*（Kollar，1844）。雌雄同型，前翅中斜带浅青色，前翅正面基半部及后翅正面大部区域靛青色。分布于印度次大陆中南部和斯里兰卡。常见英文名为 The blue oakleaf、The Sahyadri blue oakleaf 或 The south Indian blue oakleaf。中文名可译为“霍氏枯叶蛱蝶”。

（4）*K. albofasciata*（Moore，1877）。雌雄同型，前翅中斜带白色，前翅正面基半部及后翅正面大部区域青色。特产于印度安达曼群岛北部岛屿。常用英文名为 The white oakleaf 或 The Andaman oakleaf，中文名可译为“安达曼枯叶蛱蝶”。

（5）*K. limborgii*（Moore，1879）。雌雄同型，前翅中斜带橙色，但较 *K. inachus* 窄，前翅正面基半部及后翅正面大部区域亮蓝色至蓝紫色。分布于从印度次大陆西北部经马来半岛至加里曼丹岛的广大地区，中国西藏东南部、云南西部和南部亦有分布，其部分地理种群曾被不同研究者作为 *K. inachus* 或 *K. paralekta* 的亚种。英文名为 The Peninsular Malaya leaf butterfly 或 The Malayan oakleaf，中文名可称为“马来枯叶蛱蝶”。

Nakamura(2014)提出，*K. limborgii incognita*（Nakamura and Wakahara，2013）可能是一个潜在的独立物种，因为其雌性生殖器囊导管的形状和颜色与包括 *K. limborgii* 在内的其他近似物种有明显区别(尽管其雄性生殖器与 *K. limborgii* 相似)，翅膀形状和色斑亦与 *K. limborgii* 其他地理种群明显有别。该分类单元分布在从泰国到印度西北部的广大区域内，在云南南部也有分布，过去常被作为 *K. inachus inachus*。目前一些网站上已直接将其作为一个新物种 *K. incognita* 对待。如若该物种名有效，中文名可译为“拟枯叶蛱蝶”，因 incognita 一词含义为“乔装”。

（6）*K. spiridiva*（Grose-Smith，1885）。雌雄同型，前翅中斜带白色，前翅正面基半部及后翅正面大部棕色。仅产于印度尼西亚苏门答腊岛。中文名可称为“苏门答腊枯叶蛱蝶”。

（7）*K. knyvettii*（de Nicéville，1886）①。雌雄同型，前翅中斜带浅青色，与 *K.*

① Morishita(1977)、Shirôzu 和 Nakanishi (1984)将其作为 *K. alompra* (Moore, 1879)的异名，也有人将其作为 *K. alompra* 的亚种[*Kallima alompraknyvetti* (Nicéville, 1886)]。根据 Morishita(1977)的研究，本种有效种名应为 *K.*

horsfieldi（Kollar，1844）相似，前翅正面基半部及后翅正面大部区域蓝黑色。分布于印度次大陆东北部至中南半岛北部地区，中国西藏的墨脱县有分布。常见英名为 The scarce blue oakleaf，中文名可译为“蓝带枯叶蛱蝶”或“印缅枯叶蛱蝶”。

（8）*K. alicia*（Nakamura，2014）。雌雄同型，前翅中斜带橙色，前翅正面基半部及后翅正面大部区域蓝黑色至黑色。本种为日本学者中村纪雄 2014 年首次发表，被认为分布于海南岛（原枯叶蛱蝶海南亚种 *K. inachus alicia*）、中南半岛、西藏东南部、云南西部、缅甸北部和中部等地。中文名可称为“海南枯叶蛱蝶”。

在上述 8 个种级及 1 个疑似种级分类单元中，霍氏枯叶蛱蝶、安达曼枯叶蛱蝶、蓝带枯叶蛱蝶、苏门答腊枯叶蛱蝶和枯叶蛱蝶白带亚种的两性个体，以及爪哇枯叶蛱蝶的雌性个体，前翅正面具有浅青色或白色中斜带，而枯叶蛱蝶（除白带亚种外）、马来枯叶蛱蝶（含疑似为独立物种的 *K. limborgii incognita*）和海南枯叶蛱蝶等 3（或 4）种，以及爪哇枯叶蛱蝶的雄性，前翅中斜带均为橙色。在这些种级或疑似种级分类单元中，以 *K. inachus* 的分布范围最广，遍及亚洲东南部的热带和亚热带地区。

鉴于翅膀及外生殖器形态在鳞翅目昆虫分类中的局限性，以上枯叶蛱蝶属现有的种级单元划分是否符合真实情形，尚有待其他方面的依据佐证。在枯叶蛱蝶属中，翅膀背腹面色斑的多态性、季节可塑性及地理变异等广泛存在；在一些亚种级分类单元之间，雌雄外生殖器形状也存在一定程度的差异。对于这些特征，分类学家在划分物种时并未设定严格的差异标准，不同研究者的“分种”都带有一定的主观性。例如，自 Fruhstorfer（1912）后相当长的时期内，人们一度认为印度次大陆-中南半岛地区所有具橙色中斜带的个体均属于 *K. inachus* 这一个物种。现在看来，它们实际上还包含了 *K. limborgii incognita* 和 *K. alicia* 等 2 个甚至更多“隐种”。

就枯叶蛱蝶属蝴蝶在国内的分布而言，分布于云南西双版纳的枯叶蛱蝶属蝴蝶，过去常被认为是枯叶蛱蝶指名亚种，目前看来至少其中的大多数个体应是 Nakamura 所说的 *Kallima limborgii incognita*；广西和滇东南一带，是一个物种交汇区，可能有 3 个枯叶蛱蝶属物种共存，即枯叶蛱蝶中华亚种、海南枯叶蛱蝶 *kishii* 亚种和 *Kallima limborgii incognita*；藏东南一带，第二个物种交汇区，可能有海南枯叶蛱蝶 *shizuyai* 亚种、*Kallima limborgii incognita*、蓝带枯叶蛱蝶和枯叶蛱蝶指名亚种等 4 个物种同域分布。从目前尚且十分有限的证据看，在中国境内，枯叶蛱蝶属可能有多达 5 个种，即枯叶蛱蝶、海南枯叶蛱蝶、蓝带枯叶蛱蝶、疑似为独立物种的 *K. limborgii incognita*，以及本章后文将要谈到、Swinhoe 最初发表的 *K. chinensis*（现被作为枯叶蛱蝶中华亚种）。

---

alompra (Moore, 1879)，最早采集于缅甸，7 年后在不丹被采集到。对此说法，本书作者未予考证，而是沿用了目前多数文献中的物种名称。

枯叶蛱蝶属成虫的翅展较大，分类研究历史较长，显然是蝴蝶中一个较小的属，包含的物种数量并不算多。但迄今人们对于其中的物种数量仍不完全清楚，对部分分类单元之间的关系也各说一辞。究其原因，或许主要在于：

(1) 不同研究者用以划分“种”的标准有所不同。一些地理种群被不同研究者分别作为独立物种、某个或某些已知物种的亚种。

(2) 缺乏新的分类依据，尤其是缺乏分子方面的分类依据。迄今为止，翅膀的形状、大小、正面的色斑及外生殖器形态等外部形态特征一直是该属分种中依据的主要特征。但相关特征差异未必与生殖隔离直接相关，基于形态差异的物种划分往往带着过多的分类学家的主观性。线粒体 DNA 具有母系遗传、进化快的特点，十分适用于那些从翅膀和生殖器形态上难以区分的近似物种间的鉴别。就本书作者所知，在线粒体基因组中，目前枯叶蛱蝶属仅有一个广西种群的线粒体 DNA 全序列、*K. inachus* 和 *K. paralekta* 的细胞色素氧化酶亚基 I 编码基因(*COI*)、部分地理种群的细胞色素氧化酶亚基 II 编码基因(*COII*)和细胞色素 b 编码基因(*Cyt b*)部分序列被测定。在核基因组中，Wahlberg 等(2005)和 Su 等(2017)测定了 *K. inachus* 和 *K. paralekta* 的延长因子 1-α 编码基因(*EF1-α*)和 *wing-less* 基因。这些已有的少量分子证据，也并未被分类学家用于枯叶蛱蝶属的物种划分。在基因测序已经十分简便廉价的今天，这令人多少感觉有点意外。多年前，本书作者从部分地区采集了一些枯叶蛱蝶属标本，测定了其 *COII* 和 *Cyt b* 部分同源序列，为本属的种级及种下分类提供了一些有价值的分子线索。结果显示，本属中的“生物学种”(biological species)数量，很可能多于目前基于翅膀和生殖器特征划分的种级分类单元数量。

(3) 难以获得直接而有决定性意义的分种依据——种级分类单元间的生殖隔离。最严格地说来，根据形态和分子特征的分类正确与否，最终需要证明相关种级单元间是否存在生殖隔离。尽管枯叶蛱蝶属是个小属，但其中多数种类的野生个体数量并不算多(部分种类堪称珍稀)，要开展特定种群间的杂交实验并非易事。因此，弄清枯叶蛱蝶属中准确的物种数量、厘清相关分类单元之间的关系尚有待时日。

8.2　枯叶蛱蝶 *Kallima inachus* (Doyère，1840)①

Kallima inachus 这个种级分类单元，其最初发表的名称为 *Paphia inachus*，模式标本采集于尼泊尔。目前认为，其分布区北起中国秦岭，南至中南半岛，西始于喜马拉雅山脉西北段南麓，东至琉球群岛中北部岛屿。

① 这个种级分类单元的定名人和发表时间，不少文献中的记录为“Boisduval, 1836”或“Boisduval, 1846”。但据森下和彦(1977)和 Cowan(1976)考证，应为“Doyère, 1840”。

Morishita(1977)认为，该种有 7 个亚种：指名亚种 *K. i. inachus*(尼泊尔东部和印度中北部)，许氏亚种 *K. i. huegelii*(尼泊尔西部至克什米尔)，暹罗亚种 *K. i. siamensis*(中南半岛至缅甸东北部)，海南亚种 *K. i. alicia*(海南岛)，中华亚种 *K. i. chinensis*(中国大陆中部和西部)，台湾亚种 *K. i. formosana*(台湾岛)和琉球亚种 *K. i.eucerca*(琉球群岛)。《中国蝶类志》(1998 年修订版)记录了国内的 3 亚种：中华亚种 *Kallima inachus chinensis*(分布于长江中下游流域)；海南亚种 *K. i. alicia*(分布于海南岛)；台湾亚种 *K. i. formosana*(分布于台湾岛)。

最近，Nakamura(2014)基于雌雄外生殖器特征，将 *K. i. alicia* 提升为新种 *K. alicia*。他同时认为，*K. inachus* 在亚洲大陆上有 5 个亚种，即 *K. i. inachus*、*K. i. huegelii*、*K. i. siamensis*、*K. i. chinensis* 和 *K. i. alboinachus*。这 5 个大陆亚种，连同台湾亚种和琉球亚种，实际上也是认为，*K. inachus* 可分为 7 个亚种。这些亚种的地理分布如图 8-1 所示，相互之间大多存在不同程度的地理隔离。一些网站上罗列了 10 个甚至多达 16 个亚种，显然是不可取的。

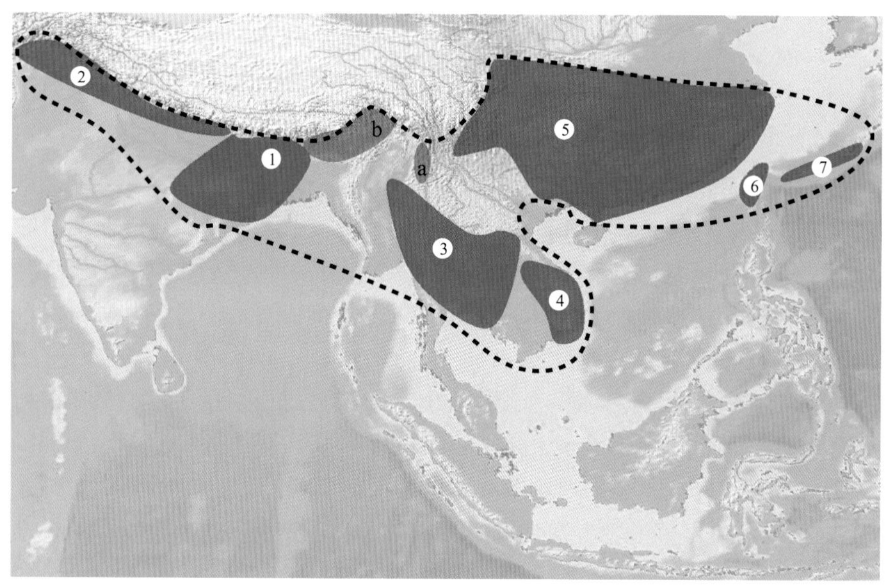

图 8-1 枯叶蛱蝶 *Kallima inachus* 现有亚种分布略图

注：蓝色区域，*Kallima inachus* 各亚种的主要分布区。图中数字代表：1. 指名亚种 *K. i. inachus* (Doyère，1840)；2. 许氏亚种 *K. i. huegelii*(Kollar，1844)；3. 暹罗亚种 *K. i. siamensis* (Fruhstorfer，1912)；4. 白斑亚种 *K. i. alboinachus* (Nakamura and Wakahara，2013)；5. 中华亚种 *K. i. chinensis* (Swinhoe，1893)；6. 台湾亚种 *K. i. formosana* (Fruhstorfer，1912)；7. 琉球亚种 *K. i. eucerca* (Fruhstorfer，1898)。粉色区域：a. Nakamura (2014) 认为是中华亚种的一个独立分布区，本书作者存疑；b. 该区域是否有指名亚种分布仍存疑问。

各亚种的翅膀形态特征及地理分布简述如下：

(1) 指名亚种 *K. i. inachus* (Doyère，1840)。在各亚种中翅展最宽，前翅中斜带橙色，前翅正面基半部及后翅正面大部区域蓝色或蓝紫色。前翅外缘在翅脉 2 端部向外显著突出，形成一显著的钝角，尤以在雄蝶中最为明显。根据 Nakamura (2014) 的研究，其分布于尼泊尔东部和印度中北部的奥里萨邦和西孟加拉邦。中国西藏东南部墨脱一带常被视为指名亚种的标本，现在看来很可能为 *K. limborgii incognita* 或 *K. alicia shizuyai*。

(2) 许氏亚种 *K. i. huegelii* (Kollar，1844)。翅膀的形状和大小与指名亚种近似，但翅膀正面底色为青蓝色或紫蓝色，明显有别于指名亚种；雄蝶前翅顶角突出较指名亚种更为明显。前翅中斜带橙色。分布于巴基斯坦东北部、尼泊尔西部及印度西北部一带。

(3) 暹罗亚种 *K. i. siamensis* (Fruhstorfer，1912)。前翅中斜带橙色，外缘角明显；翅展较指名亚种略小，翅正面浅蓝色；雄蝶前翅顶角突出不明显。分布于老挝中北部、泰国中北部及缅甸东北部等地。

(4) 白带亚种 *K. i. alboinachus* (Nakamura and Wakahara，2013)。前翅中斜带白色，在各亚种中与众不同。分布于老挝南部、泰国东部及越南南部。Morishita (1977) 将其作为枯叶蛱蝶的一个变型，Monastyrskii 和 Devyatkin (2003) 将其作安达曼枯叶蛱蝶，Inayoshi 和 Saito (2012) 及 Nakamura 和 Wakahara (2012) 曾将其归入枯叶蛱蝶暹罗亚种，Rumbucher (2014) 将其作为安达曼枯叶蛱蝶大陆亚种 *K. albofasciata continentalis*。基于雌雄外生殖器与枯叶蛱蝶其他亚种相似，以及分布区与暹罗亚种不重叠，Nakamura 和 Wakahara (2013) 将其作为枯叶蛱蝶的一个新亚种发表①。

(5) 中华亚种 *K. i. chinensis* (Swinhoe，1893)。前翅中斜带橙黄色，翅展较指名亚种略小，前翅外缘角不明显或几近弧形；无论雌雄，绝大多数个体前翅顶角突出明显，但雌蝶的突出更长；翅室 4 内中室端条上方的黑斑上几无蓝色鳞散布；前后翅正面的青蓝色较为暗淡。主要分布于中国四川至东南沿海各地。该亚种的模式标本即采于四川峨眉山。

(6) 台湾亚种 *K. i. formosana* (Fruhstorfer，1912)。前翅中斜带橙色，翅展较中华亚种略小，前翅外缘角较为明显，翅正面的青蓝色较中华亚种鲜艳。分布于台湾岛及其东南部的兰屿。

(7) 琉球亚种 *K. i. eucerca* (Fruhstorfer，1898)。翅膀形态与台湾亚种相似。分布于日本琉球群岛南段，最北至该群岛的德之岛。

---

① 令本书作者困惑的是：暹罗亚种和白带亚种具有全然不同的正面色斑，它们之间就不存在雌雄识别的视觉障碍从而导致生殖隔离？二者若属同一物种，两亚种间并无明显的地理隔离，为何就未发现有杂合型个体？

枯叶蛱蝶在国内的主要记载分布区为，广西-贵州以北，秦岭以南，四川以东至台湾。这其中，中国大陆各地的种群均被归入中华亚种，台湾岛及兰屿的种群则属于台湾亚种。云南南部的枯叶蛱蝶种群显然不应当被归属于这个种中。《中国蝶类志》(1998 年修订版)记载的枯叶蛱蝶海南亚种，现已被作为海南枯叶蛱蝶指名亚种 *K. alicia alicia*。

Nakamura(2014)根据生殖器特征认为，在云南保山和福贡有枯叶蛱蝶中华亚种分布。这两个地点均位于滇西高山峡谷地区，与四川西部山地之间隔有云南高原，而高原上现今并无任何枯叶蛱蝶属蝴蝶分布。滇西高原构成了两地种群间基因交流的天然屏障。一个亚种分布在两个长期隔离的地区，着实令人费解。

8.3 峨眉山枯叶蛱蝶种群的分类地位

8.3.1 分类沿革

文献中关于峨眉山枯叶蛱蝶的最初记载出现在英国昆虫学家 Leech 出版于 1892 年的专著《中国、日本和朝鲜的蝶类》(*Butterflies from China, Japan and Corea*)中。在其书中，Leech 将包括峨眉山在内的中国西部地区的枯叶蛱蝶归属于 *Kallima inachus*。次年，英国人 Swinhoe 根据 5 只标本，将峨眉山枯叶蛱蝶作为一个独立物种，即 *Kallima chinensis*，发表在英国《自然历史年鉴》(*Annals and Magazine of Natural History*)第 12 卷 70 期上。但 Swinhoe 的意见并未得到 Leech 及同时代多数学者的认可。后来的蝴蝶分类学家则主要依据雌雄外生殖器的特征，将中国长江流域及邻近地区的枯叶蛱蝶作为枯叶蛱蝶中华亚种 *K. i. chinensis*。百余年来，蝴蝶分类学界对于这个主流观点鲜有质疑。

在将峨眉山枯叶蛱蝶作为新种发表的论文里，Swinhoe 十分坚定地认为这些采自峨眉山的标本属于一个不同于 *K. inachus* 的独立物种①。他说，从翅膀正面的颜色就能一眼看出峨眉山枯叶蛱蝶与印度-马来亚地区其他枯叶蛱蝶种类的不同。Swinhoe 曾于 1892 年 11 月提请 Leech 注意这个种群不同于 *K. inachus* 的特征。但其时 Leech 的专著已经出版。Fruhstorfer(1898，1912)将峨眉山枯叶蛱蝶种群作为

---

① Swinhoe 原文摘录："Fore wings with the apex produced in both sexes, as usual much more so in the female than in the male, nearest in coloration to *K. Huegeli,* Kollar, but different in colour to any Indo-Malayan species; the yellow band on fore wings is more ochreous and the blue particles with which the base and lower portions of fore wings are densely covered and with which the whole of the hind wings is more or less suffused is of a very peculiar shade of colour. The underside represents the usual varieties of the dried leaf pattern. …this insect is very distinctive, and I venture to say one could at a glance pick out all the examples of this species from a collection of Kallimas, however large it might be."

K. inachus 的一个亚种对待，至少部分原因或也在于当时部分昆虫学家仅凭翅膀腹面的色斑差异，于是在 *Kallima* 属中分出了大量的“物种”。自 Fruhstorfer 以后，几乎所有的学术文献中，峨眉山枯叶蛱蝶种群均被归入枯叶蛱蝶中华亚种 *K. i. chinensis*（Swinhoe，1893）。最近，Nakamura 基于其雄性外生殖器的抱器瓣、囊突及囊导管的形状与指名亚种相似，仍旧支持前述观点。

8.3.2　峨眉山枯叶蛱蝶种群的物种属性再探讨

1. 形态分类的局限性

最初，在枯叶蛱蝶属的分种中依靠的主要是翅膀形态特征，尤其是翅膀正面的色斑。但翅膀色斑难以准确描述、馆藏标本逐渐褪色，且常存在明显的地理种群间、甚至种群内个体间差异。更何况，在翅膀形态上，枯叶蛱蝶属种类的一些地理种群还被认为存在旱/湿季之别。目前，外生殖器特征，尤其是雄性外殖器特征，已成为枯叶蛱蝶属物种划分的关键依据。但生殖器特征，同样存在种群间和种群内个体间差异。标本之间某个特征上的差异，究竟属于个体间差异、种群间差异或是种间差异，不同研究者的判断都带有一定的主观性。

1) 翅膀形态

以枯叶蛱蝶、马来枯叶蛱蝶和海南枯叶蛱蝶等 3 个前翅具有橙色中斜带的种级分类单元为例，可以看出翅膀形态在枯叶蛱蝶属近似物种划分中的作用其实非常有限。

比较采自不同地区、分别被归入不同分类单元的标本的翅膀形态特征后发现，翅膀的形状、大小和色斑等常用分类特征很难被作为 3 个种级分类单元划分的依据，种间的特征差异在同种的亚种间甚至同一亚种内亦然存在(表 8-2)。例如，*K. inachus* 的大多数亚种前翅具橙/橙黄色中斜带，而白斑亚种却具白色中斜带。再如，前翅中斜带内的亚缘波状线纹，在 *K. limborgii* 和 *K. alicia* 的各亚种内部均有明显的个体间差异，有的个体上清晰，而另一些个体上则几近消失。其他，如前翅及后翅正面基半部颜色、前翅半透明斑的形状、前翅翅室 4 内黑斑上是否散布青色鳞、前翅长度、前翅顶角突出长度及前翅翅脉 2 端外缘突出角等特征，都存在明显的种群间和种群内差异。某些特征的种内变化幅度甚至超过了种间差异。

表 8-2 枯叶蛱蝶属部分具橙色前翅中斜带的分类单元之间的翅膀形态比较

分类单元		翅正面色斑						前翅长度/mm	前翅顶角突出	前翅端翅脉 2 端外缘突出角
		中斜带颜色	中斜带上下缘	中斜带内亚缘纹	前翅及后翅基半部颜色	前翅半透明斑	前翅翅室 4 内黑斑青色鳞			
枯叶蛱蝶 *K. inachus*	指名亚种 *K. k. inachus*	橙色	较为平直	清晰	青蓝	椭圆-近圆	大量青色鳞	♂39.6～45.1 ♀45.7～54.0	♂短尖 ♀长	明显
	许氏亚种 *K. k. huegelii*	橙色	较为平直	清晰	青色/青蓝	窄条-椭圆	大量青色鳞	♂35.1～49.6 ♀51.9	♂短尖 ♀长	明显
	暹罗亚种 *K. k. siamensis*	橙色	较为平直	清晰	浅蓝色/青紫	窄条-椭圆	有/无青色鳞	♂36.7～42.7 ♀51.0	♂短平 ♀长	明显
	中华亚种 *K. k. chinensis*	橙黄色	较为平直	清晰	青蓝	椭圆-近圆	无/少青色鳞	♂43.1～49.8 ♀50.0	♂短尖 ♀长/短	不明显/明显
	白带亚种 *K. k. alboinachus*	白色	较为平直	清晰	暗青	椭圆-近圆	大量青色鳞	♂41.4 ♀46.5～49.6	♂短尖 ♀长	明显
拟枯叶蛱蝶 *K. limborgii*	指名亚种 *K. l. limborgii*	橙色/橙黄色	波折较大	清晰/模糊/消失	青紫/蓝紫	椭圆-近圆	大量青色鳞	♂41.7～48.6 ♀49.5～55.7	♂较短 ♀较短	明显/不明显
	K. l. incognita	橙色/橙黄	较为平直	清晰/模糊/消失	青紫/青蓝/蓝紫	窄条-椭圆	多/少青色鳞	♂42.8～54.5 ♀47.1～57.1	♂短尖 ♀长	明显
海南枯叶蛱蝶 *K. alicia*	*K. a. alicia*	橙色/橙黄色	较为平直	清晰/模糊	近黑	窄条-椭圆	无青色鳞	♀46.2	♂短尖 ♀长	明显/不明显
	K. a. kishii	橙色/橙黄色	较为平直	清晰/模糊	青紫/蓝紫/深蓝	窄条-近圆	少青色鳞	♂41.4～49.4 ♀48.1～56.4	♂短尖 ♀长	明显
	K. a. shizuyai	橙色/橙黄色	较为平直	清晰/模糊	青紫/蓝紫/深蓝	椭圆-近圆	无/少青色鳞	♂41.4～49.4 ♀57.1	♂短尖 ♀长	明显

上述情况表明，几乎没有一个翅膀形态特征可被作为划分 3 个种级单元的可靠依据。下面，我们再来看看依据外生殖器特征划分枯叶蛱蝶属相似物种存在的问题。

2）生殖器形态

仍以前面 3 个种级分类单元为例。这 3 个翅膀形态十分相近的“物种”的雌雄外生殖器在整体形态上其实也十分相似。

在雄性生殖器方面，3 种的阳茎大体相同，几乎看不出差异，均为细长鞭状，中部向上弧形弯曲，端部渐细且略上翘(爪哇枯叶蛱蝶、苏门答腊枯叶蛱蝶、蓝带枯叶蛱蝶等的阳茎为直线形)。种间的差别，主要体现在抱器瓣和囊突的形状及大小上。在 *K. inachus* 指名亚种和 *K. alicia* 中，抱器瓣均较为狭长，但在前者中，抱器瓣的下边明显短于抱器内突，而在 *K. alicia* 中，抱器瓣下边与抱器内突几近等长；在 *K. limborgii* 中，抱器瓣明显较为宽大。在 *K. inachus* 指名亚种中，囊形突细长，腹面弯曲，中部较基部和前端窄细；而在 *K. limborgii* 和 *K. alicia* 中，囊形突均较为膨大，但前者的囊突较 *K. alicia* 的略长，腹面略弧状弯曲，中部未缩小，而在 *K. alicia* 中，囊突更为增粗。

在雌性生殖器方面，3 种的囊导管都在中部弯曲向上呈凹状。在 *K. inachus* 指名亚种中，囊导管弯曲点之前的部分(靠近末端方向，简称“前段”)仅略短于后段(弯曲点之后、靠近基部方向的部分)，呈“U”形，且中部未增粗。在 *K. limborgii* 和 *K. alicia* 中，囊导管前段明显短于后段，大体呈现“J”形，但在 *K. limborgii* 中，囊导管末端不变细(在 *K. l. incognita* 中甚至明显膨大)，而在 *K. alicia* 中，囊导管只是中部增粗，前段则变细。

这些雌雄生殖器特征差异，尤其是雄性的特征，近来常被用作枯叶蛱蝶属种类划分的依据。

然而，无论是雄性外生殖器还是雌性外生殖器，同种地理种群间的差异也是十分明显的。例如，尽管在 *K. alicia* 各亚种中，囊形突均有膨大，但在 *K. a. alicia* 和 *K. a. kishii* 两个亚种中，囊形突中部并无明显收窄，而在 *K. a. shizuyai* 亚种中，囊突中部则明显缩小。实际上，由于翅膀色斑差异的不稳定，囊形突的这个特征变化被 Nakamura(2014)推荐作为 *K. akicia* 两个大陆亚种的鉴别特征。此外，*K. inachus* 各亚种之间在背板长度、抱器瓣宽度、生殖节的宽度和高度上都存在明显的差异。最后，*K. l. limborgii* 囊导管的前段与后段的直径基本相同，而在 *K. l. incognita* 中，前段明显膨大，整个囊导管呈烟斗状。Nakamura 据此推测，*K. l. incognita* 有可能为一个独立物种。而即便是在 *K. l. incognita* 内，个体间的雄性外生殖器形态差异也是存在的。Morishita(1977)也注意到，枯叶蛱蝶属内同一物种不同地理种群之间的外生殖器形态差异。在将生殖器形态差异用于枯叶蛱蝶属近似物种的划分时，缺乏严格的标准，带有较强的主观性。某种程度的生殖器形态差异，不同的研究者可视为种内或种间差异，有时被作为分种的依据，有时又被作为亚种划分的依据。

还应注意到，尽管 *K. l. incognita* 的雄性生殖器与 *K. l. limborgii* 的大体相同，但它们的雌性生殖器形态却有明显差异。这个现象的意义在于，一定程度的雌性生殖器形态变异，并不影响其与特定形态的雄性生殖器的匹配。反过来也可以说，一定程度的雄性生殖器差异，也未必就能够造成实际的交配障碍。对于一个物种的正常生殖，雄、雌生殖器的形态耦合，或许并非传统认为的需要那么精确。按 Nakamura(2014)的观点，在泰国西部靠近 Kanchanaburi 的 Ban Lin Thin，9 头外形极为相似的标本中包含了 3 个物种。倘若其划分的分类学单元是真实的“生物学种”，这些同域分布的物种间如何实现生殖隔离是一个十分有趣的课题。

一般认为，在鳞翅目昆虫的种级分类中，外生殖器构造是最为重要的依据。

这是基于一个存在已久的假说，即同种昆虫雌雄个体生殖器形态的高度吻合，才能保证物种的正常生殖和延续，同时也避免了异种个体间的交配，提供了物种的生殖隔离机制。这就是所谓的“锁钥假说”。不可否认，生殖器形态差异在保障昆虫物种延续及种间生殖隔离中的重要作用，但锁钥假说在实际应用中的局限性也是公认的。目前已知，异种间的生殖器形态相似，种内地理种群间、种群内个体之间的形态差异，在昆虫中并不在少数。还有的昆虫，其雌性生殖器变化不大，而雄性生殖器变化很大。事实表明，昆虫的生殖包括了找寻配偶、追求配偶、交配、受精和精卵融合等一系列过程，这期间任一环节的中断都能够造成生殖隔离。即使在交配前阶段，视觉信息、嗅觉信息乃至触觉信息等都可能参与到种间和种内识别过程中。物种间的生殖隔离，远不只限于生殖器形态吻合这种机械式隔离机制。然而，几乎所有的生物学家都意识到，自然种群之间的生殖隔离在技术上是难以确认的，绝大多数时候，分类学家不得不主要根据形态学的差异程度来划分物种。这也是没有办法的无奈之举。

在枯叶蛱蝶属物种分类中，仅仅把眼光放在翅膀和生殖器形态差异上显然是不够的。基于此，本书作者大胆猜测，产于中南半岛东南部(老挝南部、泰国东部和越南南部)的枯叶蛱蝶白斑亚种 *K. inachus alboinachus* 也有可能是一个独立物种。该种群个体的前翅中斜带为白色，曾被部分研究者鉴定为安达曼枯叶蛱蝶(*K. albofasciata*)或枯叶蛱蝶暹罗亚种(*K. i. siamensis*)。Nakamura 和 Wakahara(2013)根据其雌雄外殖器特征与 *K. inachus* 其他亚种相似而不同于 *K. albofasciata*，主张将其作为 *K. inachus* 的一个新亚种。对于蝴蝶这类白天活动的昆虫，雄蝶在野外求偶时对视觉信息的依赖性很高。如此巨大的翅膀色斑差异不可能不影响该“亚种”与其他 *K. inachus* 亚种个体间的相互识别，从而造成事实上的生殖隔离。故而，该“亚种”与 *K. inachus* 其他亚种之间存在生殖隔离的可能性很大。

由此看来，仅仅依据翅膀色斑和外生殖形态的细微差异划分枯叶蛱蝶属种级分类单元是不够的。

与中南半岛及印度次大陆上的其他 *K. inachus* 亚种比较，峨眉山枯叶蛱蝶最显著的特征在于：①前翅外缘角在绝大多数个体中并不明显，整个外缘呈弧线形；②前后翅正面基部的颜色以青色为主，蓝色较淡；③前翅中斜带偏黄色。Swinhoe仅仅依据翅膀形态特征将峨眉山枯叶蛱蝶种群认定为一个不同于 *K. inachus* 的独立物种(*K. chinensis*)并无充分依据，但后人根据生殖器形态将其认定为 *K. inachus* 中华亚种的依据也不充分。这个种群的分类地位有必要进一步检讨。

对于两性生殖的动物，无论种群之间在形态上的差别有多大，生殖隔离(不能产生可育的后代)是判断它们属于不同物种的关键依据，这是当今生物学研究领域的基本共识。因此，理论上，最直接、也最具决定性的证据应是来自峨眉山种群

和 *K. inachus* 指名亚种的杂交实验结果。若二者能够互相交配且产下可育后代，证明它们是同一物种；反之，二者分属不同物种，Swinhoe 于 1893 年发表的 *K. chinensis* 就是一个有效的物种名称。本书作者曾有过这种尝试。

在早前的文献中，云南南部的枯叶蛱蝶属蝴蝶一般被认为是 *K. inachus* 指名亚种或某个新的亚种。2011～2013 年，本书作者曾采集了云南景洪的枯叶蛱蝶活体，并分别在云南和四川两地开展两地种群的杂交实验。结果表明，2 个种群之间不能互配，它们是两个独立物种。此外，二者的幼虫形态也有很大的差别。正当作者以为已经解决了峨眉山枯叶蛱蝶的分类地位问题，着手发表实验结果时，在查阅文献过程中发现了 Nakamura 最新发表的"Distribution of *Kallima inachus* (Doyère，[1840]) and related species (Lepidoptera，Nymphalidae) in Indochina and adjacent regions with status alteration of *Kallima inachus alicia* Joicey & Talbot，1921"一文。作者意识到，此前用于杂交实验的景洪个体，其实很可能并非 *K. inachus*，更可能是 Nakamura 文中报道的 *K. alicia kishii* 或 *K. limborgii incognita*。随后，作者重新获得了一些景洪标本用于外生殖器解剖，发现所有个体均属于 *K. limborgii incognita*。近两年来，作者也进行了一些尝试，期望得到尼泊尔一带的 *K. inachus* 活体用于开展该项实验，但一直未能如愿。

与种群间的杂交实验相比较，基因测序相对更为简单容易。本书作者曾于早前测定了部分地区枯叶蛱蝶属标本的线粒体 DNA 中的细胞色素氧化酶亚基 II 编码基因(*COII*)和细胞色素 b 编码基因(*Cyt b*)片段序列。尽管当时的样本中也未包含有 *K. inachus* 指名亚种标本(作者当时错误地认为包含了！)，也尽管只是测定了 2 个基因的部分片段，测序结果对于厘清峨眉山枯叶蛱蝶种群的分类地位，对于枯叶蛱蝶属内的物种划分均具有一定的参考价值。

2. 枯叶蛱蝶属部分地理种群间的线粒体 DNA 序列差异

2007～2009 年，作者从当时被认为是 *K. inachus* 分布区的部分地区获取到了一些枯叶蛱蝶属标本，测定了其细胞色素氧化酶亚基 II 编码基因(*COII*)和细胞色素 b 编码基因(*Cyt b*)部分同源序列。这些均具有前翅橙色中斜带的标本，根据采集地被归为若干地理组：四川盆地(含四川峨眉山 2♀2♂、重庆江津 1♀3♂，合计 3♀5♂)，中国大陆东南部(含湖南东安 2♂、广西桂林 1♂、江西宜丰 1♂及福建永泰 1♂，合计 5♂)，台湾岛(2♀4♂)，琉球群岛(2♂)，海南岛(1♂)，云南南部(含元江 1♀1♂、景洪 1♀4♂，合计 2♀5♂)，清迈(1♂)，西藏东南部(墨脱 1♂)。

从各地样本中扩增出 31 条 *COII* 片段，裁剪后获得的比对序列各有 681 个核苷酸位点(其中可变位点 78 个，简约信息位点 36 个)，分为 13 个单倍型(hc_1～hc_{13}，表 8-3)。单倍型 hc_1 为四川盆地、中国大陆东南部和台湾等三地的共有单倍型，且在三地种群中均为出现频率最高的单倍型。四川盆地和中国大陆东南部共享 2 个单倍型(hc_1 和 hc_3)。hc_4 为中国大陆东南部的特有单倍型，而 hc_2 和 hc_6 则为台湾的独有单倍型。来自琉球的 2 头样本共享一个单倍型 hc_5。从云南南部的 7 头标本中发现了 4 种单倍型(hc_8、hc_9、hc_{10} 和 hc_{11})，均为当地特有。单倍型 hc_{12}、hc_7 及 hc_{13} 则分别为海南、清迈和西藏等三地特有，从这些地区均只获得了 1 头样本。各单倍型间的净核苷酸差异 0.15%～7.05%(表 8-4)。

表 8-3 各地枯叶蛱蝶样本 COII 基因片段同源序列的单倍型分布

采样地	样本数量/头	*COII* 单倍型
四川盆地	3♀5♂	hc_1(7)，hc_3
中国大陆东南部	5♂	hc_1(3)，hc_3，hc_4
台湾	2♀4♂	hc_1(4)，hc_2，hc_6
海南	1♂	hc_{12}
冲绳	2♂	Hc_5(2)
云南(南部)	2♀5♂	hc_8(2)，hc_9，hc_{10}(2)，hc_{11}(2)
清迈	1♂	hc_7
西藏	1♂	hc_{13}

注：括号中数字代表具同一单倍型的个体数量，未注此数据表示仅 1 个个体。

表 8-4 各地枯叶蛱蝶样本 COII 同源序列之间的净核苷酸差异(%)

	hc_1	hc_2	hc_3	hc_4	hc_5	hc_6	hc_7	hc_8	hc_9	hc_{10}	hc_{11}	hc_{12}	hc_{13}
hc_1	—	0.15	0.15	0.15	0.25	0.21	0.52	0.63	0.63	0.60	0.61	0.88	0.93
hc_2	0.15	—	0.21	0.21	0.29	0.25	0.54	0.65	0.65	0.61	0.63	0.89	0.94
hc_3	0.15	0.29	—	0.21	0.29	0.25	0.54	0.61	0.61	0.58	0.60	0.87	0.92
hc_4	0.15	0.29	0.29	—	0.29	0.25	0.50	0.61	0.61	0.58	0.60	0.87	0.94
hc_5	0.44	0.59	0.59	0.59	—	0.25	0.54	0.65	0.65	0.61	0.63	0.91	0.92
hc_6	0.29	0.44	0.44	0.44	0.44	—	0.52	0.63	0.63	0.60	0.61	0.90	0.93
hc_7	1.91	2.06	2.06	1.76	2.06	1.91	—	0.61	0.61	0.58	0.60	0.92	0.98
hc_8	2.79	2.94	2.64	2.64	2.94	2.79	2.64	—	0.21	0.21	0.25	0.91	0.94
hc_9	2.79	2.94	2.64	2.64	2.94	2.79	2.64	0.29	—	0.21	0.25	0.93	0.94
hc_{10}	2.50	2.64	2.35	2.35	2.64	2.50	2.35	0.29	0.29	—	0.15	0.91	0.92
hc_{11}	2.64	2.79	2.50	2.50	2.79	2.64	2.50	0.44	0.44	0.15	—	0.92	0.93
hc_{12}	5.58	5.73	5.43	5.43	6.02	5.87	6.17	6.02	6.31	6.02	6.17	—	0.92
hc_{13}	6.31	6.46	6.17	6.46	6.17	6.31	7.05	6.46	6.46	6.17	6.31	6.17	—

注：对角线上方为标准差。

采自四川盆地内的 8 头样本中，仅发现有 2 种单倍型(hc_1 和 hc_3)。其中，四川峨眉山的 4 头标本共享一个单倍型(hc_1)。重庆的 4 头标本中，3 头均为单倍型 hc_1，另一头为 hc_3，这两种单倍型之间仅有 1 个核苷酸差异(序列分歧度 0.15%)。同时，四川盆地的 2 个单倍型也是中国大陆东南部(包括湖南东安、广西桂林、江西宜丰和福建永泰)的主要单倍型，占 80%。hc_4 为中国大陆东南部独有的稀少单倍型，仅为 1 头标本所有，其与 hc_1 和 hc_3 均仅有 1 个核苷酸的差异。因此，四川盆地种群与中国大陆东南部种群之间基因交流顺畅，不存在明显的遗传分化。实际上，两个区域之间也不存在明显的地理隔离。

在来自台湾的 6 头样本中，共发现 3 种倍型(hc_1、hc_2 和 hc_6)。其中，hc_1 为岛内与四川盆地-大陆东南部的共享单倍型，也是岛内的主要单倍型。单倍型 hc_2 和 hc_6 为岛内独特但稀有的单倍型，二者之间的序列分歧为 0.44%，二者与 hc_1 之间的序列分歧为 0.15%～0.29%，2 个岛内独有单倍型与四川盆地-大陆东南部独有单倍型 hc_3 和 hc_4 之间的序列差异为 0.29%～0.44%。由此看来，台湾岛内的枯叶蛱蝶种群与四川盆地-大陆东南部种群应属同一物种，且相互之间并无深刻的遗传分化。

来自琉球的 2 头标本共享一个当地特有单倍型(hc_5)，这个单倍型与四川盆地-大陆东南部-台湾岛内单倍型之间的序列差异为 0.44%～0.59%。这个分歧程度远未达到物种间的分化水平，表明四川盆地、大陆东南部、台湾岛及琉球的样本均属于同一物种，但从中国大陆东南部到台湾岛再到琉球群岛，相邻种群之间的遗传分化程度有增高的趋势，显示台湾海峡及台湾岛与琉球群岛之间的水域阻断了相邻种群间的基因交流。

另一方面，四川盆地-大陆东南部-台湾岛-琉球单倍型(hc_1、hc_2、hc_3、hc_4、hc_5 和 hc_6)与其他地区单倍型的序列差异为 1.76%～6.46%。单倍型之间的最小差异，发生在这些单倍型与清迈单倍型(hc_7)之间(1.76%～2.06%)，单倍型序列的平均百分分歧度为 1.96%。再高一点为这些单倍型与云南南部单倍型(hc_8、hc_9、hc_{10} 和 hc_{11})之间(2.35%～2.94%)，平均百分分歧度为 2.68%；然后为与海南岛单倍型之间的差异(5.43%～6.02%，平均为 5.68%)；与西藏单倍型之间的分歧最高(6.17%～6.46%，平均为 6.31%)。仅就四川峨眉山种群而言，当地唯一单倍型(hc_1)与海南岛、云南南部、清迈和西藏等地单倍型之间的序列差异为 1.91%～6.31%，与清迈单倍型之间的差异最小(1.91%)。

除此之外，西藏单倍型(hc_{13})与所有其他单倍型间的序列差异为 6.17%～7.05%。类似地，海南单倍型(hc_{12})与其他单倍型之间的序列分歧也很高(5.43%～6.31%)。清迈单倍型(hc_7)与其他各地单倍型之间的序列分歧为 1.76%～7.05%。云南南部各单倍型(hc_8、hc_9、hc_{10} 和 hc_{11})均为当地独有，相互之间的序列差异仅为 0.15%～0.44%，也即在 681bp 的同源序列中仅有 1～3 个核苷酸的差异，显示这 7 头标本应属于同一物种。而这些单倍型与其他各地单倍型之间的序列分歧为 2.35%～6.46%。

在金凤蝶(*Papilio machaon*)及其近缘物种中，在线粒体 DNA 总体水平上，种间的序列差异大约为 4%，而种内个体间差异一般为 1%～2%。二尾蛱蝶(*Polyura narcea*)台湾种群和广西、贵州、四川种群之间在 *COII* 基因片段内的序列差异为 0.25%～1.00%，而与同属的大二尾蛱蝶 *P. eudamippus* 之间则为 4.25%。还有其他一些类似研究显示，在蝶类物种中，线粒体中的蛋白质编码基因在近缘种间的差异阈值大致为 2%。以此为参考，枯叶蛱蝶不少地理种群单倍型之间的序列差异度，均接近或超过其他蝶类的物种间分化水平。四川盆地-大陆东南部-台湾岛-琉球区域单倍型仅与海南岛和西藏单倍型之间的序列差异超过了其他蝶类物种间的分化水平，但其与云南南部及清迈单倍型之间的序列差异只是达到或略有超过种内个体间差异的上限。其与清迈单倍型之间的差异只有 1.91%(但已经远超二尾蛱蝶地理种群间的分歧水平)，这似乎表明，虽然两地种群间已有高度遗传分化，但峨眉山枯叶蛱蝶标本与清迈标本仍可能属于同一物种。然而，我们也知道，线粒体基因序列进化的速率在不同物种中有所不同。尽管峨眉山单倍型与云南单倍型之间的序列差异只有 2.50%～2.79%，但杂交实验已经证明它们是分属不同的物种。因而可以认为，*COII* 基因在枯叶蛱蝶属中的进化速率较凤蝶属和尾蛱蝶属中慢，峨眉山以至整个四川盆地-大陆东南部-台湾岛-琉球区域的枯叶蛱蝶很可能是一个不同于清迈及所有其他热带种群的独立物种。

种群间和种群内的 *COII* 序列分子变异分析也表明，云南种群和四川盆地-大陆东南部-台湾岛-琉球区域的枯叶蛱蝶各自为一个独立的遗传单元，而在种群(组)内部并无显著的遗传分化。云南种群与四川盆地、中国大陆东南部及台湾种群间的配对固定(F_{st})为 0.22702～0.52872(P<0.05)，而四川盆地、大陆东南部及台湾种群之间均为负值或接近于零(表 8-5)。

表 8-5 部分枯叶蛱蝶 *Kallima* 种群之间的配对固定指数(F_{st})

	Yun	SEM	SB	Tai	SE M + SB
Yun	—	0.01802	0.00000	0.03604	0.00000
SEM	0.40169*	—	0.48649	0.54054	—
SB	0.52872*	−0.01619	—	0.32432	—
Tai	0.22702*	−0.06047	0.07904	—	0.023423
SEM + SB	0.54739*	—	—	0.07736	—

注：对角线之下：固定指数(F_{st})；对角线之上：差异显著性检验值(P)；*，P 值 0.05 水平差异显著。

基于以上分析，我们认为这些前翅均具橙色中斜带，分别来自西藏、清迈、海南岛、云南南部及四川盆地-中国大陆东南部-台湾-琉球区域的标本，各自很可能分属 5 个不同的独立物种，即 *K. inachus*、*K. alicia*、*K. chinensis*、被 Nakamura(2014) 认为可能是独立物种的 *K. limborgii incognita* 及另一个在西藏东南部有分布但目前尚未定名的某个未知物种。

仅根据翅膀和生殖器形态，可以初步判断清迈样本应属 *K. inachus siamensis*，云南景洪和元江的标本应属 *K. limborgii incognita*(本书作者原以为是枯叶蛱蝶指名亚种。Nakamura 推测该亚种级分类单元可能是一个独立物种，这个观点在此得到了分子证据的支持)。海南单倍型 (hc_{12}) 与其他单倍型之间的序列分歧高达 5.43%～6.31%，也支持了 Nakamura(2014) 早前将枯叶蛱蝶海南亚种提升为独立种的观点。较为难办的是西藏墨脱的雄性标本，作者先前将其作为枯叶蛱蝶指名亚种。仅从翅膀形态和生殖器形态看，该标本可能属于 Nakamura(2014) 所说的 *K. limborgii incognita* 或 *K. alicia shizuyai* 而非枯叶蛱蝶指名亚种，但前面提供的分子证据不支持这两种可能性。这个标本的分类地位有待进一步确认。

以蠹叶蛱蝶(*Doleschallia bisaltide*)为根类群建立的 *COII* 单倍型网络关系图，清晰地呈现了存在前述 5 个不同独立物种的可能性。在单倍型网络关系图上，四川盆地-中国大陆东南部-台湾-琉球区域各单倍型 (hc_1～hc_6) 以 hc_1 为中心聚为一支，大多数单倍型距离这个中央单倍型仅 1～2 步突变(图 8-2)。在这一支中，四川盆地-大陆东南部单倍型位于基部和中央位置，而台湾和琉球的特有单倍型则处于外围。云南南部的单倍型 (hc_8～hc_{11}) 则以 hc_{10} 为基点聚为一支，其余单倍型距离基部单倍型只有 1～2 步突变。清迈单倍型 (hc_7) 与云南支并列，西藏单倍型 (hc_{13}) 和海南单倍型 (hc_{12}) 则各自单独为一支。网络图上大量基部和中间单倍型的缺失反映了采样量的不足，尤其是在枯叶蛱蝶属物种丰富、大概为其起源地的印度次大陆-东南亚热带地区，采样量尤为不足。这些地方应能发现大量的原始单倍型。

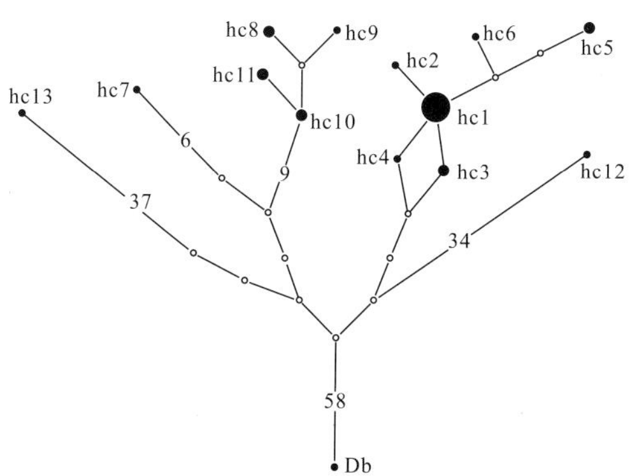

图 8-2　各地枯叶蛱蝶 COII 单倍型之间的中位连接网络关系

对细胞色素 b 编码基因(*Cyt b*)片段(434bp)的测序分析结果，与从 *COII* 基因得出的结论完全吻合，只不过该基因片段表现出了更快的进化速率，种群内及种群间序列差异也就更高。这里不再赘述。

自 1990 年代以来，基因序列差异被反复证明是一种鉴别近似物种和发现隐含物种的有效手段。尤其是线粒体 DNA，具有母系遗传、没有重组、倒位、易位及进化速率较快等特点，已被广泛用于分析亲缘关系较近的属、种及种下分类单元间的亲缘关系。此外，核糖体 RNA 序列也是一个不错的选择。今后，首先要做的工作是采集印度次大陆-西藏东南部-缅甸北部-云南南部-中南半岛-海南岛及邻近地区的标本，开展更多线粒体基因及核基因测序，以进一步厘清枯叶蛱蝶属内的物种数量，同时解释该属种类及地理种群间的系统发生和历史生物地理，为伪装表型的进化研究提供必要的背景资料。但考虑到多数物种或潜在物种的自然栖息地均在天然林区，且个体数量并不大，完成这项工作也绝非易事。

3. 峨眉山枯叶蛱蝶种群或为 *Kallima chinensis*（Swinhoe，1893）

根据 *COII* 基因片段序列差异，峨眉山以致整个四川盆地-中国大陆东南部-台湾-琉球区域的枯叶蛱蝶种群似乎应属于一个不同于云南南部、海南岛、清迈和西藏等地种群的独立物种，Swinhoe 于 1893 年发表的物种名称 *Kallima chinensis* 或许仍然是有效的。

然而，本书作者仍不能做出最终定论，原因在于没有峨眉山种群与尼泊尔种群之间的生殖隔离证据。DNA 序列差异是一个基于一般情形推出的间接证据，更何况目前并不知道枯叶蛱蝶属的种间线粒体 DNA 差异阈值。对于有性生殖的生物，物种划分的决定性依据只能是生殖隔离，证明峨眉山枯叶蛱蝶为独立物种的决定性依据只能是种群之间能否互配并产生可育后代。遗憾的是，这项工作未能成功开展。

进一步讲，清迈种群与尼泊尔一带的枯叶蛱蝶也未必属于同一物种。前人仅凭翅膀和生殖器形态将清迈标本作为 *K. inachus siaminsis* 存在一定主观性，目前并无决定性依据(生殖隔离)表明清迈标本与尼泊尔的枯叶蛱蝶属于同一物种。作者未能获得尼泊尔一带的 *K. inachus* 指名亚种标本，其与清迈样本之间的 *COII* 片段序列差异便无从得知。故而，即便开展了峨眉山种群与清迈种群之间的杂交实验，并且结果也表明二者不能互相交配，也只是证明了这两个种群不属于同一物种，而不能彻底否定峨眉山种群乃是 *K. inachus* 某个亚种的流行观点。

通过在尼泊尔和峨眉山同时开展两地种群间的杂交实验方可得出结论。倘若杂交实验表明两地种群并非同一物种，则 Swinhoe 发表的物种名称是有效的，峨眉山枯叶蛱蝶的学名应变更为 *Kallima chinensis*（Swinhoe，1893）。

第 9 章　峨眉山枯叶蛱蝶的历史生物地理

历史生物地理对于解释峨眉山枯叶蛱蝶的生态特性和表型进化是至关重要的。第四纪冰期-间冰期旋回，尤其是末次冰期中的气候剧烈恶化及全新世冰后期适宜条件恢复对北半球中高纬度地区动植物种群的生态和遗传特征产生了巨大影响。本章基于各地枯叶蛱蝶样本的 *CoII* 单倍型序列差异及晚更新世亚洲东南部的冰期-间冰期气候旋回，推测了现今峨眉山枯叶蛱蝶种群的历史生物地理，以期为今后进一步弄清峨眉山枯叶蛱蝶种群的分类地位、深入开展其进化生态学研究提供一些有用的线索。

9.1　枯叶蛱蝶属的起源

Wahlberg 等(2005)根据基于化石证据校正的贝叶斯分子钟推测，枯叶蛱蝶属起源于亚洲东南部热带地区，最早的物种在距今约 3000 万年前的渐新世早期即已出现。如本书第 8 章中所述，枯叶蛱蝶属现存物种高度集中地分布在印度次大陆-中南半岛区域，表明这一地区可能为枯叶蛱蝶属的起源地，也是峨眉山枯叶蛱蝶的祖先种群生活地。根据各地单倍型序列差异可以推断，在本书作者测定了 *COII* 基因片段序列的枯叶蛱蝶属种群中，海南种群、清迈种群和西藏种群所属的物种可能是最早分化出的 3 个独立进化单元，早在第四纪初就广泛分布于东南亚热带地区，其栖息地或也与现在相似，主要是海拔 1500m 以下的常绿阔叶林地。云南种群和四川盆地-大陆东南部种群则可能是在较晚的时候从清迈种群所属物种中分化出来的。

9.2　四川盆地-中国大陆东南部-台湾-琉球独立进化单元的形成

四川盆地-大陆东南部单倍型(hc_1、hc_3 和 hc_4)与海南岛、云南南部、泰国清迈及西藏墨脱等南方单倍型之间的 *COII* 序列差异为 1.76%～6.46%(详见第 8 章)，最小差异发生在这些单倍型与清迈单倍型(hc_7)之间(1.76%～2.06%)，平均序列差异为 1.91%。简单地，基于一个未经化石证据校准的线粒体 DNA 进化分子钟(节肢动物近缘种间的线粒体 DNA 以每百万年约 2.3%的速率分歧）推测，作为一个独立进化单元（我们尚无法断定这个区域种群是否为一个不同于 *K. inachus* 或任意其他枯叶蛱蝶属已知物种的独立物种），四川盆地-大陆东南部枯叶蛱蝶种群与其遗传上距离最近的进化单元（清迈种群）之间的隔离分化时间已有约 80 万年，但相对于海南岛、清迈、云南和西藏种群之间的分歧，这仍是一个较为“年轻”的进化单元。

现今亚洲东南部的动植物分布格局，主要受到第四纪以来（2.5MaB.P.～）的气候变化和构造运动的综合影响。地质史上，该区经历了中生代漫长的高温时期和新生代第三纪的缓慢降温过程。进入第四纪后，气温突然剧降，并在其后经历了多次冰期-间冰期气候交替。冰期中，大陆冰盖向南扩展，中高纬度地区气候冷干，动植物也随之向南迁移；间冰期中，气候温暖湿润，南方避难所中的动植物向北扩散。地层剖面中喜冷和喜暖动植物化石群的交替分布现象，佐证了第四纪中这种剧烈的周期性冷干-暖湿气候波动。

枯叶蛱蝶长期适应了中南半岛上的热带山地气候，低温是此时其向北方扩展的主要限制因素，其次是干旱对枯叶蛱蝶自身及其寄主植物的限制。目前已知的枯叶蛱蝶分布北界为一月零度等温线以南，栖息地主要为 1200m 以下的常绿阔叶林和常绿-落叶阔叶混交林。孢粉植物群是由多个孢粉类型构成的一个组合，在陆相沉积物中孢粉植物群是最常用的古气候信息之一。阔叶树种生长比针叶树种要求更温暖、湿润的气候，常绿阔叶树种要求的水热条件也更优于落叶种类。现今的枯叶蛱蝶的主要栖息地是常绿阔叶林地，其次是常绿-落叶阔叶混交林。根据一个时期的孢粉植物群分布，能够较为准确地推测地质史上枯叶蛱蝶的适宜生境范围。

大约在距今 80 万年前后，北半球进入了一个温暖湿润的时期，降水量显著增高，夏季风效应增强，常绿-落叶阔叶混交林达长江沿岸，亚热带树种向北扩展到淮河流域。这个时期对于四川盆地-中国大陆东南部区域枯叶蛱蝶进化单元的形成和遗传格局形成起了决定性作用。同时云贵高原的快速抬升，位于高原南部热带、南亚热带种群从此失去向北传播的机会。而中南半岛上原属于 *K. inachus siamensis* 的部分个体，则通过广西向北扩散至中国长江流域甚至更北的地区。在中国长江流域-东南沿海一带的枯叶蛱蝶种群，因地理距离隔离而减少了与中南半岛祖先种群的基因交流，逐渐进化成为一个独立遗传单元。

80 万年以来，北半球经历了多次冰期-间冰期冷暖气候旋回，最后一次发生在距今 6.5 万～1.5 万年的更新世末期（习惯上被称为“末次冰期”）。历次冰期中，早前扩散到长江流域建立的种群要么灭绝，要么向南退缩至冰期避难所，而这个避难所最有可能就在中南半岛东北部至广西岭南一带。孢粉学资料表明，在晚更新世华南低海拔丘陵地区，冰期气候中的植被表现主要为山地雨林垂直植被带的下降，沿海一带冰期的年均温仅比现今低约 4～6℃。而同期南岭以北的长江中下游流域的平原地区在冰期降温的幅度是相当大的，可以达到 10～17℃。这些地区大概已不再适合枯叶蛱蝶生存，但南岭山区及其以南部分种群仍旧存活了下来。此外，冰期中降雨的急剧减少，中南半岛地区低海拔平原地带出现草原化，常绿阔叶林退缩到较高海拔地带，这种生境片段化，进一步加剧了种群间的隔离分化和新的生殖单元形成。

间冰期气温的回升，避难所种群的个体再次向北扩散，建立新的北方种群。在接下来的新的冰期中，北方种群再次向南撤退到广西-中南半岛避难所。根据古气候资料推算，现今峨眉山枯叶蛱蝶的祖先种群在周期性的冰期-间冰期旋回中如此反复北进-南退了大约 5 次。

四川盆地-大陆东南部-台湾-琉球合并种群 *COII* 同源序列的核苷酸失配分布图呈现为单峰型(图 9-1)，也显示这个总种群经历了近期的地理扩张过程，且相邻种群之间有较为频繁的基因交流。

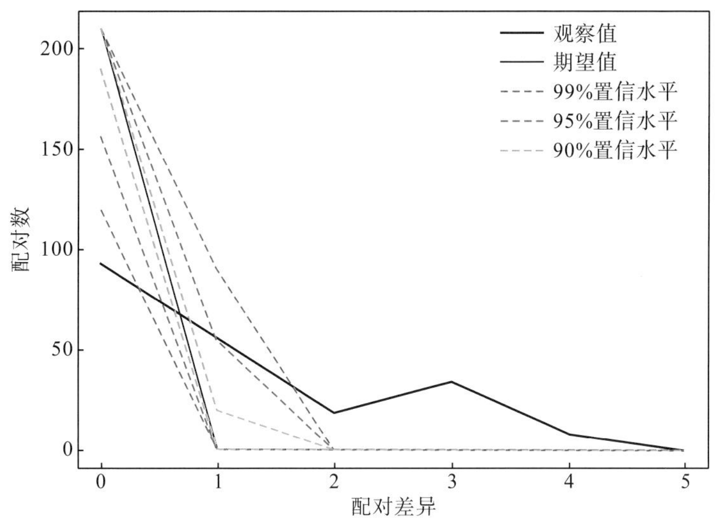

图 9-1　四川盆地-大陆东南部-台湾-琉球合并种群 *COII* 基因片段的核苷酸失配分布图

需要说明的是，在晚更新世的历次冰期中，由于川西南横断山地已经抬升到目前高度，也可能作为四川盆地种群的第二个避难所，部分种群在一些现为干热河谷的地带保留了下来。间冰期，来自长江上游避难所的种群向四川盆地周边山地和沿长江下游山地扩散，岭南避难所种群则进入长江下游和贵州高原东部、北部，东西两个避难所的种群个体对流扩散，在整个长江流域及中国东南沿海地区融合为一个大范围连续分布的超级种群。但这种可能性似乎并不大。很难想象这些现为干热河谷的地带，在冰期的干冷气候条件下能够生长出郁郁葱葱的常绿或常绿-落叶阔叶林。尽管如此，仍值得采集川西南横断山地区的标本用于线粒体DNA 基因测序。若能在这些种群中发现一些较为原始的单倍型，则表明其可能是枯叶蛱蝶在晚更新世冰期的避难所之一。

末次冰期中，四川盆地-大陆东南部种群的避难所最有可能在中南半岛东北部至广西岭南一带。冰期避难所的山区地形十分重要，山地沟谷地带的阴湿是枯叶蛱蝶寄主植物生长的必要条件，沟谷地形又为枯叶蛱蝶寄主植物提供了越冬场所。

9.3 现今峨眉山枯叶蛱蝶种群的建立

距今 6.5 万～1.5 万年的末次冰期结束后，大约从 1.2 万年前开始，地球进入一个新的暖期，即我们所处的“全新世”。伴随着气温的回升和降水量的增加，四川盆地-中国大陆东南部地区逐渐成为适宜生境，避难所种群个体开始向外扩散，新的北方种群开始陆续建立。据此我们认为，现今峨眉山种群最近一次定居下来是一个较晚的事件，始于大约 1 万年前。在第四纪末次冰期中，其最近的祖先种群最有可能生活在广西岭南地区至中南半岛东北部一带(图 9-2)。这种由冰期避难所种群的少量个体扩散而来建立的新种群常呈现出高度的遗传一致性，表现为单倍型多样性很低。这从 4 个峨眉山样本和 3 个重庆样本共享一个 *COII* 基因片段单倍型，且在峨眉山区仅发现 1 种单倍型可以看出来。

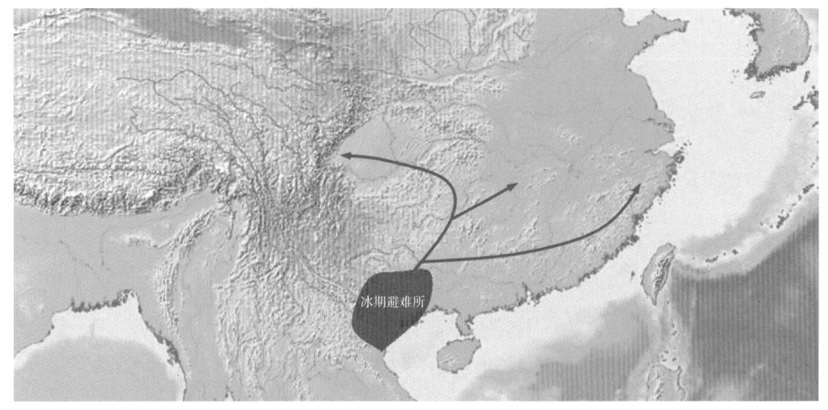

图 9-2 推测末次冰期结束后四川盆地-中国大陆东南部现今枯叶蛱蝶种群的建立过程

我们推测峨眉山枯叶蛱蝶最大的可能是由来自中南半岛经广西向北扩散的个体建立的。首先，峨眉山枯叶蛱蝶不大可能源自印度次大陆东北部-缅甸北部地区。峨眉种群与西藏墨脱标本间的 *COII* 基因片段序列分歧超过 6%，显示它们之间有着漫长的生殖隔离史。地质资料显示，喜玛拉雅山脉和横断山区外围山地早在 5000 万～3000 万年前的“喜马拉雅运动”中就已经隆起，在更新世早期部分山峰已经在雪线以上，构成喜温暖枯叶蛱蝶属蝴蝶的不可逾越的屏障。其次，来自云南南部的可能性也较低，因为云贵高原是在同样的地质构造运动中与青藏高原同时开始隆升的，至中更新世(1.4～0.8 MaB.P.)隆起加快。尽管云南高原在早更新世的高度可能只有 500～1000m 左右，对云南南部的种群进入四川盆地并不构成地理屏障。但其时，川西南横断山地在这一时期也处在隆升早期，尚无法作为北上枯叶蛱蝶种群在冰期的避难所。故而在中更新世之前，即便在四川盆地存在枯叶蛱蝶属种群，它们在随后到来的冰期中没能生存下来。中更新世后期(1.4～0.8 MaB.P.)，随着云南高原的快速隆起，云南南部的种群从此失去向北传播的机会。

参 考 文 献

陈晓鸣，周成理，史军义，等. 2008. 中国观赏蝴蝶. 北京：中国林业出版社.

谷海燕，李策红. 2006. 峨眉山常绿落叶阔叶混交林的生物多样性及植物区系初探. 植物研究，26(5)：618-623.

顾茂彬. 2003. 试论海南省蝴蝶保护与可持续性利用的关系. 生物多样性，11(1)：86-90.

胡文光. 1964. 峨眉山植物区系的初步研究. 四川大学学报：自然科学版，(3)：151-166.

蒋志刚，樊恩源. 2003. 关于物种濒危等级标准之探讨——对 IUCN 物种濒危等级的思考. 生物多样性，11(5)：382-392.

李传隆. 1995. 云南蝴蝶. 北京：中国林业出版社.

李吉均，方小敏. 1998. 青藏高原隆起与环境变化研究. 科学通报，43(15)：1568-1574.

李吉均，方小敏，潘保田，等. 2001. 新生代晚期青藏高原强烈隆起及其对周边环境的影响. 第四纪研究，21(5)：381-391.

李璟纯，李枢强. 2008. 节肢动物生殖器官进化的假说. 生物学通报，43(2)：5-9.

李秀山，张雅林，骆有庆，等. 2006. 长尾麝凤蝶生活史、生命表、生境及保护. 生态学报，26(10)：3184-3197.

李旭光. 1984. 四川峨眉山森林植被垂直分布的初步研究. 植物生态学与地植物丛刊，8(1)：52-66.

栗婧，周成理，石雷，等. 2018. 枯叶蛱蝶越冬雌成虫的生殖休眠特征研究. 应用昆虫学报，55(6)：1054-1065.

刘文华，王义飞，徐汝梅. 2006. 两种共存网蛱蝶幼期的生命表研究. 昆虫学报，49(4)：656-663.

施雅风，李吉均，李炳元，等. 1999. 晚新生代青藏高原的隆升与东亚环境变化. 地理学报，54(1)：10-21.

唐宇翀，周成理，陈晓鸣. 2013. 枯叶蛱蝶触角感器的扫描电镜观察. 林业科学研究，26(1):88-93.

王戎疆，万宏，雷光春. 2003. 我国不同地区二尾蛱蝶线粒体细胞色素氧化酶II的 DNA 序列差异. 北京大学学报：自然科学版，39(6)：775-779.

王忠婵，王方海. 2006. 成虫滞育的主要特点及神经内分泌调控. 生物学杂志，23(4)：12-14.

吴坤君. 2002. 关于昆虫休眠和滞育的关系之浅见. 昆虫知识，39(2)：154-156.

吴少会，向群，薛芳森. 2006. 昆虫的行为节律. 江西植保，29(4)：147-157.

吴云. 1998. 观赏昆虫(蝴蝶类)//杨冠煌. 中国昆虫资源利用和产业化. 北京：中国农业出版社：193-230.

伍杏芳. 1988. 岭南绿洲蝴蝶. 广州：学术期刊出版社.

谢平. 2016. 浅析物种概念的演变历史. 生物多样性，24(9)：1014-1019.

许升全，郑哲民. 1999. 昆虫生殖系统“锁钥假说”的研究及展望. 昆虫知识，36(2)：117-118.

杨达源. 中国东部第四纪冰期气候与环境的基本特征. 海洋地质与第四纪地质，1990，10(1)：71-79.

杨平世，徐堉峰. 1990. 台湾特有亚种——枯叶蝶 *Kallima inachus formosana* Fruhstörfer 之幼生期形态及生活史. 中华昆虫，10：395-399.

杨萍，漆波，邓合黎，等. 2005. 枯叶蛱蝶的生物学特性及饲养. 西南农业大学学报，27(1)：44-49.

杨一川，庄平，黎系荣. 1994. 峨眉山峨眉栲、华木荷群落研究. 植物生态学报，18(2)：105-120.

易传辉，陈晓鸣，史军义，等. 2008a. 光周期对枯叶蛱蝶幼虫生长发育的影响. 西北林学院学报，23(5)：124-126.

易传辉，陈晓鸣，史军义，等. 2008b. 光周期和温度对枯叶蛱蝶幼虫生长发育的影响. 昆虫知识，45(4)：597-599.

易传辉. 2007. 美凤蝶与柑橘凤蝶和枯叶蛱蝶三种蝴蝶的滞育生态学研究. 北京：中国林业科学研究院.

袁德成，买国庆，薛大勇，等. 1998. 中华虎凤蝶栖息地，生物学和保护现状. 生物多样性，6(2)：105-115.

张大勇. 2002. 集合种群与生物多样性保护. 生物学通报，37(2)：1-4.

张国珍，杨渺，李策红，等. 2014. 四川峨眉山水青树林群落的物种多样性特征. 四川林业科技，35(1)：1-5.

郑卓. 中国热带—亚热带地区晚第四纪植被与气候变化. 微体古生物学报，2000，17(2)：125-146.

中国科学院《中国植物志》编委会. 2004. 中国植物志(第 70 卷). 北京：科学出版社.

中国科学院植物研究所. 1975. 中国高等植物图鉴(第四册). 北京：科学出版社.

周成理，史军义，易传辉，等. 2005. 枯叶蛱蝶 *Kallima inachus* 的生物学研究. 四川动物，24(4)：445-450.

周成理. 2008. 枯叶蛱蝶生物学特征及种内分化的分子遗传研究. 北京：中国林业科学研究院.

周成理，史军义，陈晓鸣，等. 2006. 枯叶蛱蝶规模化人工繁育研究. 北京林业大学学报，28(5)：107-113.

周尧. 1998a. 中国蝶类志（修订本）. 郑州：河南科学技术出版社.

周尧. 1998b. 中国蝴蝶分类与鉴定. 郑州：河南科学技术出版社.

猪又敏男. 2006. 原色蝶类检索图鉴. 东京：北隆馆.

Alonso-Mejia A , Rendon-Salinas E , Montesinos-Patino E , et al. 1997. Use of lipid reserves by monarch butterflies overwintering in Mexico: implications for conservation. Ecological Applications,7(3): 934.

Anonymous. 2019a. *Kallima inachus* Doyère, 1840 - Orange Oakleaf//Kunte K, Sondhi S，Roy P.Butterflies of India, v. 2.51. Indian Foundation for Butterflies. http://www.ifoundbutterflies.org/sp/740/Kallima-inachus.

Anonymous. 2019b. *Kallima knyvettii* de Nicéville, 1886 - Scarce Blue Oakleaf//Kunte K, Sondhi S, Roy P.Butterflies of India, v. 2.32. Indian Foundation for Butterflies. http://www.ifoundbutterflies.org/sp/1015/Kallima-knyvettii.

Auckland J N , Debinski D M , Clark W R. 2004. Survival, movement, and resource use of the butterfly *Parnassius clodius*. Ecological Entomology, 29(2): 139-149.

Bendik N F. 2016. Movement, demographics, and occupancy dynamics of a federally-threatened salamander: evaluating the adequacy of critical habitat. Peerj, (4): e1817.

Bergman M, Olofsson M, Wiklund C, et al. 2010. Contest outcome in a territorial butterfly: the role of motivation. Proceedings of the Royal Society B: Biological Sciences, 277: 3027-3033.

Beyer L J, Schultz C B. 2010. Oviposition selection by a rare grass skipper *Polites mardon* in montane habitats: advancing ecological understanding to develop conservation strategies. Biological Conservation, 143(4): 862-872.

Bhakare M, Chandran M, Smetacek P, et al. 2013. Transition zone of two subspecies of the butterfly *Kallima inachus* (Lepidoptera: Nymphalidae) in the Himalaya. Bionotes, 15 (2): 54.

Bossart J L,Opuni-Frimpong E. 2009. Distance from edge determines fruit-feeding butterfly community diversity in Afrotropical forest fragments. Environmental Entomology, 38(1): 43-52.

Broom M, Ruxton G. D. 2005. You can run-or you can hide: optimal strategies for cryptic prey against pursuit predators. Behavioral Ecology, 16(3): 534-540.

Caporale A, Romanowski H P, Nicolás O M. 2017. Winter is coming: Diapause in the subtropical swallowtail butterfly

Euryades corethrus (Lepidoptera, Papilionidae) is triggered by the shortening of day length and reinforced by low temperatures. Journal of Experimental Zoology Part A: Ecological and Integrative Physiology, 327(4): 182-188.

Costanzo K, Monteiro A. 2007. The use of chemical and visual cues in female choice in the butterfly *Bicyclus anynana*. Proceedings of the Royal Society B: Biological Sciences, 274(1611): 845-851.

Cott H B. 1940. Adaptive coloration in animals. London, UK: Methuen & Co. Ltd.

Crean A J, Marshall D J. 2009. Coping with environmental uncertainty: dynamic bet hedging as a maternal effect. Philosophical Transactions of the Royal Society B: Biological Sciences, 364(1520): 1087-1096.

D'Abrera B. 1980. Butterflies of Afrotropical region. Melbourne: Lansdowne .

Daniels E V, Reed R D. 2012. Xanthurenic acid is a pigment in *Junonia coenia* butterfly wings. Biochemical Systematics and Ecology, 44: 161-163.

Danks H V. 1983. Extreme individuals in natural populations. Bulletin of the ESA, 29(1): 41-48.

Danks H V. 1991. Winter Habitats and Ecological Adaptations for Winter Survival//Lee R E, Denlinger D L. Insects at Low Temperature. Boston, MA: Springer.

Danks H V. 1991. Life cycle pathways and the analysis of complex life cycles in insects. The Canadian Entomologist, 123(1): 23-40.

Davies K F, Lawrence M J F. 2000.Which traits of species predict population declines in experimental forest fragments?Ecology, 81(5): 1450-1461.

Davies N B. 1978. Territorial defence in the speckled wood butterfly (*Pararge aegeria*): the resident always wins. Animal Behaviour, 26: 138-147.

De Vries P J, Penz C M. 2002. Early stages of the entomophagous metalmark butterfly *Alesa Amesis* (Riodinidae: Eurybiini). Journal of the Lepidopterists Society, 56(4): 265-271.

Denlinger D L. 2002. Regulation of diapause. Annual Review of Entomology, 47(1): 93-122.

Denlinger D L. 2008. Why study diapause? Entomological Research, 38(1): 1-9.

Dennis H R. 2004. Landform resources for territorial nettle-feeding nymphalid butterflies: biases at different spatial scales. Animal Biodiversity & Conservation, 27(2): 37-45.

Devy M S, Davidar P. 2001. Response of wet forest butterflies to selective logging in kalakad-mundanthurai tiger reserve: implications for conservation. Current Science, 80(3): 400-405.

Doak P, Kareiva P, Kingsolver J. 2006. Fitness consequences of choosy oviposition for a time-limited butterfly. Ecology, 87(2): 395-408.

Dockery M, Meneely J, Costen P. 2009. Avoiding detection by predators: the tactics used by *Biston betularia* larvae. British Journal of Entomology and Natural History, 22(4): 247-253.

Duarte M, Robbins R K, Mielke O H H. 2005. Immature stages of *Calycopis caulonia* (Hewitson, 1877) (Lepidoptera, Lycaenidae, Theclinae, Eumaeini), with notes on rearing detritivorous hairstreaks on artificial diet. Zootaxa, 1063: 1-31.

Ek-Amnuay P. 2006. Butterflies of Thailand. Bangkok: Baan lae Suan.

Endo K. 2008. Activation of the corpora allata in relation to ovarian maturation in the seasonal forms of the butterfly,

Polygonia c-aureum L. Development Growth & Differentiation, 14(3): 263-274.

Endo K, Ueno S. 1992. Photoperiodic control of the determination of two different seasonal diphenisms of the Asian comma butterfly, *Polygonia c-aureum* L. Zool. Sci., 9: 725-731.

Esperk T, Tammaru T, Sören N. 2007. Intraspecific variability in number of larval instars in insects. Journal of Economic Entomology, 100(3): 627-645.

Fermon H, Waltert M, Vane-Wright R I, et al. 2005. Forest use and vertical stratification in fruit-feeding butterflies of Sulawesi, Indonesia: impacts for conservation. Biodiversity and Conservation, 14(2): 333-350.

Freese A , Benes J, Bolz R, et al. 2006.Habitat use of the endangered butterfly *Euphydryas maturna* and forestry in Central Europe. Animal Conservation, 9(4):388-397.

Fruhstorfer H. 1912. Genus Kallima//Seitz A. Die Gross-schmetterlinge der Ende. Band, 9: 563-567. Stuttgart: Alfred Kernen.

Fruhstorfer H. 1898. Neue Lepidopteren aus Asien. Berl. Ent. Z.,43: 175-199.

Fujita K, Inoue M, Watanabe M, et al. 2009. Photoperiodic regulation of reproductive activity in summer-and autumn-morph butterflies of *Polygonia c-aureum* L. Zoological Studies, 48(3):291-297.

Giraldo M A. 2008. Butterfly wing scales: pigmentation and structural properties. Netherlands：University of Groningen..

Goehring L, Oberhauser K S. 2002. Effects of photoperiod, temperature, and host plant age on induction of reproductive diapause and development time in *Danaus plexippus*. Ecological Entomology, 27(6): 674-685.

Grether G F, Kolluru G R, Nersissian K. 2004. Individual colour patches as multicomponent signals. Biological Reviews, 79(3): 583-610.

Hahn D A, Denlinger D L. 2007. Meeting the energetic demands of insect diapause: nutrient storage and utilization. Journal of Insect Physiology, 53(8): 760-773.

Haikola S, Fortelius W, O"Hara R B, et al. 2001.Inbreeding depression and the maintenance of genetic load in *Melitaea cinxia* metapopulations. Conservation Genetics, 2(4):325-335.

Hamer K C, Hill J K, Benedick S, et al. 2003. Ecology of butterflies in natural and selectively logged forests of northern Borneo: the importance of habitat heterogeneity. Journal of Applied Ecology, 40(1): 150-162.

Hebert P D N. 2004. Ten species in one: DNA barcoding reveals cryptic species in the neotropical skipper butterfly *Astraptes fulgerator*. Pnas, 101 (41): 14812-14817.

Henry E H, Haddad N M. 2015. Point-count methods to monitor butterfly populations when traditional methods fail: a case study with Miami blue butterfly. Journal of Insect Conservation, 19(3): 519-529.

Herman W S, Tatar M. 2001. Juvenile hormone regulation of longevity in the migratory monarch butterfly. Proceedings of the Royal Society of London. Series B: Biological Sciences, 268(1485): 2509-2514.

Hewitt G M. 2004. Genetic consequences of climatic oscillations in the Quaternary. Philosophical Transactions of the Royal Society of London. Series B: Biological Sciences, 359: 183-195.

Hiroyoshi S. 2000. Effects of aging, temperature and photoperiod on testis development of *Polygonia c-aureum* (Lepidoptera: Nymphalidae). Entomological Science, 3(2): 227-236.

Hiroyuki S. 1998. Breeding of the orange leaf butterfly, *Kallima inachus eucerca* at Tama Zoo. Insectarium, 35(9):

250-254, 416.

Hope G, Kershaw A P, Kaars S V D,et al. 2004. History of vegetation and habitat change in the Austral-Asian region. Quaternary International, 118: 103-126.

Igarashi S, Fukuda H. 1997. The Life Histories of Asian Butterflies(Ⅰ). Tokyo: Tokai Daigaku Shuppankai.

Inayoshi Y,Saito K. 2019. A check list of butterflies in Indo-China(Chiefly from Thailand, Laos & Vietnam) (Kallima). http://yutaka.it-n.jp/.

Jules E S, Shahani P. 2003. A broader ecological context to habitat fragmentation: why matrix habitat is more important than we thought. Journal of Vegetation Science, 14(3): 459-464.

Kang C K, Moon J Y, Lee S I,et al. 2012. Camouflage through an active choice of a resting spot and body orientation in moths. Journal of Evolutionary Biology, 25: 1695-1702.

Kehimkar I. 2009. The Book of Indian Butterflies. Mumbai: Bombay Natural History Society.

Kemp D J. 1998. Oviposition behaviour of post-diapause *Hypolimnas bolina* (L.) (Lepidoptera: Nymphalidae) in tropical Australia. Australian Journal of Zoology, 46(5): 451-460.

Kemp D J. 2000. The basis of life-history plasticity in the tropical butterfly *Hypolimnas bolina* (L.) (Lepidoptera: Nymphalidae). Australian Journal of Zoology, 48(1): 67-78.

Kemp D J. 2001. Investigating the consistency of mate-locating behavior in the territorial butterfly Hypolimnas bolina (Lepidoptera: Nymphalidae). Journal of Insect Behavior, 14(1): 129-147.

Kemp D J. 2001. Reproductive seasonality in the tropical butterfly *Hypolimnas bolina* (Lepidoptera: Nymphalidae) in northern Australia. Journal of Tropical Ecology, 17(4): 483-494.

Kemp D J. 2007. Female butterflies prefer males bearing bright iridescent ornamentation. Proceedings of the Royal Society B: Biological Sciences, 274(1613): 1043-1047.

Kiritani K, Yamashita H, Yamamura K. 2013. Beak marks on butterfly wings with special reference to Japanese black swallowtail. Population Ecology, 55(3): 451-459.

Koch P B, Nijhout H F. 2002. The role of wing veins in colour pattern development in the butterfly Papilio xuthus (Lepidoptera: Papilionidae). European Journal of Entomology, 99(1): 67 - 72.

Koch P B, Behnecke B, WeigmannLenz M,et al. 2010. Insect pigmentation: activities of beta-alanyldopamine synthase in wing color patterns of wild-type and melanic mutant swallowtail butterfly *Papilio glaucus*. Pigment Cell Research, 13(S8):54-58.

Kopper B J, Charlton R E. 2000. Oviposition site selection by the regal fritillary, *Speyeria idalia*, as affected by proximity of violet host plants. Journal of Insect Behavior, 13(5): 651-665.

Kopper B J, Shu S, Charlton R E, et al. 2001. Evidence for reproductive diapause in the fritillary *Speyeria idalia* (Lepidoptera: Nymphalidae). Annals of the Entomological Society of America, 94(3): 427-432.

Koštál V. 2006. Eco-physiological phases of insect diapause. Journal of Insect Physiology, 52(2): 113-127.

Kubrak O I, Kučerová L, Ulrich T, et al. 2014. The sleeping beauty: how reproductive diapause affects hormone signaling, metabolism, immune response and somatic maintenance in *Drosophila melanogaster*. Plos One, 9(11): e113051.

Kusaba K, Otaki J M. 2009. Positional dependence of scale size and shape in butterfly wings: wing-wide phenotypic coordination of color-pattern elements and background. Journal of insect physiology, 55 (2) : 175-183.

Lang S Y. 2012. The Nymphalidae of China (Lepidoptera, Rhopalocera), Part I. Pardubice: Tshikoloverts Publications.

Leech J H. 1892. Butterflies from China, Japan and Corea. London: R. H. Porter.

Lewis O T, Thomas C D. 2001. Adaptations to captivity in the butterfly *Pieris brassicae* (L.) and the implications for ex situ conservation. Journal of Insect Conservation, 5 (1) : 55-63.

Marden J H, Chai P. 1991. Aerial predation and butterfly design: how palatability, mimicry, and the need for evasive flight constrain mass allocation. The American Naturalist, 138, (1) : 15-36.

Masters A R, Malcolm S B, Brower L P. 1988. Monarch butterfly (*Danaus plexippus*) thermoregulatory behavior and adaptations for overwintering in Mexico. Ecology, 69 (2) : 458-467.

McDonald A K, Nijhout H F. 2000. The effect of environmental conditions on mating activity of the Buckeye butterfly, *Precis coenia*. Journal of Research on the Lepidoptera, 35: 22-28.

Michaud J P, Qureshi J A. 2013. Induction of reproductive diapause in *Hippodamia convergens* (Coleoptera: Coccinellidae) hinges on prey quality and availability. European Journal of Entomology, 102 (3) : 483-487.

Molleman F, Ding J, Wang J L, et al. 2008. Adult diet affects lifespan and reproduction of the fruit-feeding butterfly *Charaxes fulvescens*. Entomologia Experimentalis et Applicata, 129 (1) : 54-65.

Morishita K. 1977. *Kallima inachus* & its allies. Yadoriga, (89-90) : 3-16.

Murillo L R, Nishida K. 2003. Life history of *Manataria maculata* (Lepidoptera: Satyrinae) from Costa Rica. Rev. Biol. Trop., 51 (2) : 463-470.

Nakamura N. 2014. Distribution of *Kallima inachus* (Doyère, [1840]) and related species (Lepidoptera, Nymphalidae) in Indochina and adjacent regions with status alteration of *Kallima inachus* alicia Joicey & Talbot, 1921. Butterflies, 66: 22-39.

Nakamura N, Wakahara H. 2013. Notes on the butterflies of Laos (8) : review of the genus *Kallima* Doubleday, [1849] (Lepidoptera, Nymphalidae) with descriptions of two new subspecies. Butterflies (Teinopalpus), (63) : 14-28.

New T R, Pyle R M, Thomas J A, et al. 1995. Butterfly conservation management. Annual Reviews in Entomology, 40 (1) : 57-83.

Nijhout H F. 2001. Elements of butterfly wing patterns. Journal of Experimental Zoology (Mol. Dev. Evol.), 291: 213-225.

Nishida R. 2005. Chemosensory basis of host recognition in butterflies-multi-component system of oviposition stimulants and deterrents. Chemical Senses, 30 (s1) : i293-i294.

Nowicki P, Bonelli S, Barbero F, et al. 2009. Relative importance of density-dependent regulation and environmental stochasticity for butterfly population dynamics. Oecologia, 161 (2) : 227-239.

Nylin S. 1989. Effects of changing photoperiods in the life cycle regulation of the comma butterfly, *Polygonia c-album* (Nymphalidae). Ecological Entomology, 14 (2) : 209-218.

Obregón R, Haeger J F, Jordano D. 2017. Adaptive significance of the prolonged diapause in the western Mediterranean lycaenid butterfly *Tomares ballus* (Lepidoptera: Lycaenidae). European Journal of Entomology, 114: 133-139.

Ohsaki N, Sato Y. 1990. Avoidance mechanisms of three *Pieris* butterfly species against the parasitoid wasp *Apanteles glomerulus*. Ecological Entomology, 15 (2): 169-176.

Ovaskainen O, Meerson B. 2010. Stochastic models of population extinction. Trends in Ecology & Evolution, 25(11): 643-652.

Partan S, Marler P. 1999. Communication goes multimodal. Science, 283 (5406): 1272-1273.

Pieloor M J, Seymour J E. 2001. Factors affecting adult diapause initiation in the tropical butterfly *Hypolimnas bolina* L. (Lepidoptera: Nymphalidae). Australian Journal of Entomology, 40 (4): 376-379.

Protas M E, Patel N H. 2008. Evolution of coloration patterns. Annual Review of Cell and Developmental Biology, 24: 425-446.

Pullin A S. 2010. Adult feeding time, lipid accumulation, and overwintering in *Aglais urticae* and *Inachis io* (Lepidoptera: Nymphalidae). Proceedings of the Zoological Society of London, 211 (4): 631-641.

Qin X M, Guan Q X,Zeng D L. 2012. Complete mitochondrial genome of *Kallima inachus* (Lepidoptera: Nymphalidae: Nymphalinae): comparison of *K. inachus* and *Argynnis hyperbius*. Mitochondrial DNA: 318-320.

Ries L, Debinski D M. 2001. Butterfly responses to habitat edges in the highly fragmented prairies of Central Iowa. Journal of Animal Ecology, 70 (5): 840-852.

Riitters K H, O' Neill R V, Jones K B. 1997. Assessing habitat suitability at multiple scales: a landscape-level approach. Biological Conservation, 81 (1-2): 191-202.

Robinson G S, Ackery P R, Kitching K J, et al. 2010. A Database of the World' s Lepidopteran Hostplants: *Kallima* spp. http://www.nhm.ac.uk/our-science/data/hostplants/search/list.dsml?searchPageURL=index.dsml&Familyqtype=starts+with&Family=&PFamilyqtype=starts+with&PFamily=&Genusqtype=starts+with&Genus=Kallima&PGenusqtype=starts+with&PGenus=&Speciesqtype=starts+with&Species=&PSpeciesqtype=starts+with&PSpecies=&Country=&sort=Family.

Rutowski R L, McCoy L. 2001. Visual mate detection in a territorial male butterfly (*Asterocampa leilia*): effects of distance and perch location. Behaviour, 138 (1): 31-43.

Sabir A M. 2000. Distribution of nymphalid butterflies (Brush footed) in district Rawalpindi and Islamabad, Pakistan. Pakistan Journal of Biological Sciences. Asian Network for Scientific Information, 3 (8): 1253-1254.

Sharpe K. 2017. Facts about the Indian leaf butterfly. https://www.gardenguides.com/info_8528195_indian-leaf-butterfly.html.

Shirozu T, Nakanishi A. 1984.A revision of the genus *kallima* DOUBLEDAY (Lepidoptera, Nymphalidae) : I. Generic classification. Lepidoptera Science, 34 (3) :97-110.

Söderlind L, Nylin S. 2011. Genetics of diapause in the comma butterfly *Polygonia c-album*. Physiological Entomology, 36 (1): 8-13.

Sparks T H, Porter K, Greatorexdavies J N, et al. 1994. The choice of oviposition sites in woodland by the Duke of Burgundy butterfly *Hamearis lucina* in England. Biological Conservation, 70 (3): 257-264.

Sperling F A H, Harrison R G. 1994. Mitochondrial DNA variation within and between species of the *Papilio machaon* group of swallowtail butterflies. Evolution, 48 (2): 408-422.

Spurgeon D W, Sappington T W. 2003. A system for characterizing reproductive and diapause morphology in the boll weevil (Coleoptera: Curculionidae). Annals of the Entomological Society of American, 96: 1-11.

Srygley R B, Chai P. 1990. Flight morphology of Neotropical butterflies: palatability and distribution of mass to the thorax and abdomen. Oecologia, 84(4): 491-499.

Stavenga D G, Leertouwer H L,Wilts B D. 2014. Coloration principles of nymphaline butterflies-thin films, melanin, ommochromes and wing scale stacking. The Journal of Experimental Biology. DOI:10.1242/jeb.098673: 2171-2180.

Stevens M, Graham J, Winney I S, et al. 2008. Testing Thayer' s hypothesis: can camouflage work by distraction? Biology Letters, 4(6): 648-650.

Suzuki T K, Tomita S, Sezutsu H. 2014. Gradual and contingent evolutionary emergence of leaf mimicry in butterfly wing patterns. BMC Evolutionary Biology. DOI:https://doi.org/10.1186/s12862-014-0229-5.

Swinhoe C. 1893. XLIII.—New species of oriental Lepidoptera. Annals and Magazine of Natural History, 12(70): 254-265.

Tanaka A, Inoue M, Endo K, et al. 2009. Presence of a cerebral factor showing summer-morph- producing hormone activity in the brain of the seasonal non- polyphenic butterflies *Vanessa cardui, V. indica* and *Nymphalis xanthomelas japonica* (Lepidoptera: Nymphalidae). Insect Science, 16: 125-130.

Tang Y, Zhou C, Chen X,et al. 2013. Foraging behavior of the dead leaf butterfly, *Kallima inachus*. Journal of Insect Science, 13(Article 58): 1-16.

Tangah J, Hill J K, Hamer K C,et al. 2004. Vertical distribution of fruit-feeding butterflies in Sabah, Borneo. Sepilok Bull, 1: 15-25.

Tatar M, Yin C M. 2001. Slow aging during insect reproductive diapause: why butterflies, grasshoppers and flies are like worms. Experimental Gerontology, 36(4-6): 723-738.

The Global Lepidoptera Names Index. http://www.nhm.ac.uk/our-science/data/lepindex/search/list/?indexed_from=1&page_no=1&page_size=30&search_type= starts&snoc=Kallima.

Thomas C D, Hill J K, Lewis O T. 1998. Evolutionary consequences of habitat fragmentation in a localized butterfly. Journal of Animal Ecology, 67(3): 485-497.

Thomas J A. 2001. The quality and isolation of habitat patches both determine where butterflies persist in fragmented landscapes. Proceedings of the Royal Society of London B: Biological Sciences, 268(1478): 1791-1796.

Trankner A, Nuss M. 2005. Risk spreading in the voltinism of *Scolitantides orion orion* (Pallas, 1771) (Lycaenidae). Nota lepidopterologica, 28 (1): 55-64.

Tsukada E. 1985. Butterflies of the South East Asian islands. Part 4. Nymphalidae (I) (In Japanese). Plapac, Tokyo.

Umbers K D L, Lehtonen J, Mappes J. 2015. Deimatic displays. Current Biology, 25(2):R58-R59.

Valappil B, Saji K, Prashanth S N. 2019. *Kallima horsfieldii* Kollar, 1844-Sahyadri Blue Oakleaf// Kunte K, Sondhi S, Roy P. Butterflies of India, v. 2.32. Indian Foundation for Butterflies. http://www.ifoundbutterflies.org/sp/553/Kallima-horsfieldii.

Wahlberg N, Braby M F, Brower A V Z, et al. 2005. Synergistic effects of combining morphological and molecular data in resolving the phylogeny of butterflies and skippers. Proceedings of the Royal Society B，272: 1577-1586.

Wahlberg N, Brower A V Z. 2018. Nymphalinae Rafinesque 1815. Version 20 June 2018 (under construction).http://tolweb.org/Nymphalinae/12195/2018.06.20 in The Tree of Life Web Project, http://tolweb.org/. http://tolweb.org/Nymphalinae/12195.

Wahlberg N, Brower A V Z, Nylin S. 2005. Phylogenetic relationships and historical biogeography of tribes and genera in the subfamily Nymphalinae (Lepidoptera: Nymphalidae). Biological Journal of the Linnean Society, 86(2): 227-251.

Vallin A, Jakobsson S, Wiklund L C. 2006. Crypsis versus intimidation—anti-predation defence in three closely related butterflies. Behavioral Ecology and Sociobiology, 59(3): 455-459.

Wahlberg N. 2000. Comparative descriptions of the immature stages and ecology of five Finnish melitaeine butterfly species (Lepidoptera: Nymphalidae). Entomologica Fennica, 11(3): 167-174.

Wahlberg N. 2006. That awkward age for butterflies: insights from the age of the butterfly subfamily Nymphalinae (Lepidoptera: Nymphalidae). Systematic Biology, 55(5): 703-714.

Wahlberg N, Saccheri I. 2007. The effects of Pleistocene glaciations on the phylogeography of *Melitaea cinxia* (Lepidoptera: Nymphalidae). European Journal of Entomology, 104(4): 675-684.

Wahlberg N, Moilanen A,Hanski I. 1996. Predicting the occurrence of endangered species in fragmented landscapes. Science, 273: 1536-1538.

Wahlberg N, Klemetti T,Hanski I. 2002. Dynamic populations in a dynamic landscape: the metapopulation structure of the marsh fritillary butterfly. Ecography, 25: 224-232.

Wahlberg N, Klemetti T,Selonen V. 2002. Metapopulation structure and movements in five species of checkerspot butterflies. Oecologia, 130: 33-43.

Wahlberg N, Leneveu J, Kodandaramaiah U,et al. 2009. Nymphalid butterflies diversify following near demise at the Cretaceous/Tertiary boundary. Proceedings of the Royal Society B: Biological Sciences, 276: 4295-4302.

Wallace A R. 1867. Mimicry, and other protective resemblances among animals. Alfred Russel Wallace Classic Writings，1：1-43.

Whitman D W, Agrawal A A. 2009. What is phenotypic plasticity and why is it important//Phenotypic plasticity of insects: mechanism and consequences. Science Publishers, Enfield, New Hampshire, USA: 1-63.

Wiklund C, Friberg M. 2008. Enemy-free space and habitat-specific host specialization in a butterfly. Oecologia, 157(2): 287-294.

Wiklund C, Kaitala A, Lindfors V, et al. 1993. Polyandry and its effect on female reproduction in the green-veined white butterfly (*Pieris napi* L.). Behavioral Ecology and Sociobiology, 33(1): 25-33.

Zhou C, Chen X, He R. 2012. *COII* phylogeography reveals surprising divergencies within the cryptic butterfly *Kallima inachus* (Doyère, 1840) (Lepidoptera: Nymphalidae: Kallimini) in southeastern Asia. The Pan-Pacific Entomologist, 88(4): 381-398.